藍學堂

學習・奇趣・輕鬆讀

Everyone Communicates, Few Connect

What the Most Effective People Do Differently

全球暢銷經典

與人連結

成功不是單人表演！
世界頂尖領導大師與人同贏的溝通關鍵

約翰．麥斯威爾——著

John C. Maxwell

吳宜蓁——譯

本書獻給我們第五個孫子詹姆斯·衛斯理·麥斯威爾(James Wesley Maxwell)。
他已經與他的祖父和祖母產生「連結」了。
隨著他年齡增長,我們祈禱他能學會如何有效地與人連結。

致謝

Acknowledgments

感謝我的撰稿人查理·衛賽爾（Charlie Wetzel），
我的社群媒體經理與部落格管理員史黛芬妮·衛賽爾（Stephanie Wetzel），
為我打出初稿的蘇·卡德維爾（Sue Caldwell），
以及我的助理琳達·艾格斯（Linda Eggers）。
也感謝在 JohnMaxwellonLeadership.com 上閱讀本書原稿，
並且給我意見的數百位讀者。

推薦序

溝通從聆聽開始，連結就對了！

黃永猛
知名企業講師、《經濟日報》談判秘笈專欄作家

英國詩人鄧約翰（John Donne），於一六二四年所寫的散文作品《祈禱文集——沉思第十七篇》（*Devotions upon emergent occasions and several steps in my sickness—Meditation XVII*，暫譯）中，開頭便寫道「No man is an island」（沒有人是一座孤島）。早在十七世紀，聖賢哲人們就已經體悟到世界上沒有一個人是孤獨的，也就是說，每個人都與其他人或多或少有所謂的連結。

反觀當今社會是個資訊爆炸的年代，我們每天被三萬五千個訊息轟炸，而這些訊息經過我們吸收後，透過溝通與其他人產生連結。日常生活中，打從販夫走卒到達官顯要，部屬與主管的關係維繫，管理階層政策的向下執行宣導，無一不需要以「溝通」作為媒介與手段，可以說**溝通充滿了我們人生的每一刻**。

因此，如同本書《與人連結〔全球暢銷經典〕：成功不是單人表演！世界頂尖領導大師與人

同贏的溝通關鍵》開頭所述——**想要成功，你必須學習如何與他人真正地溝通**。

透過多年來從事談判與溝通訓練，我發現常見的溝通失敗有七大原因：

1 不了解對方，知己不知彼；

2 預設立場，過於主觀、缺乏聆聽；

3 主管比部屬擁有更多資訊，造成資訊的不對等；

4 資深主管想的跟說的不一致；

5 太直接、太急，沒有先暖身；

6 各說各話沒交集；

7 模糊焦點與選擇性失憶。

表達是單向的，少有連結。而溝通則是雙向的，是透過相互交流的技巧產生彼此共識，但有共識是不夠的，「相挺」才重要。由溝通到產生共識，最後進化到相挺，這才是真正的連結。**耳朵是心靈之路，溝通從聆聽開始**。正因如此，溝通是說對方想聽的，然後引導出對方想說的，最終說服對方採取行動的一種連結互饋的過程。

本書在溝通理論以及實行上，可說是面面俱到。從溝通雙方的心理分析，到溝通內容需要注意的要點，鉅細靡遺舉例。透過「致勝連結法」，更精確傳遞了溝通的本質是一種「雙向互利」的過程。連結的過程中，作者歸納出三項準則：

1互相關心會在人與人之間建立連結。

2沒有人想被推銷，但每個人都想被幫助。

3信任甚至比愛更重要。

再度重述了頂尖溝通者的共通本質：懂得如果自己是聽眾，如何設身處地試著從聽者的觀點去看事情。也只有這麼做，才不會浪費彼此時間，達成有效的溝通。

此外，本書在每章末著墨於與人連結的三種不同狀況，包含一對一、團體中，以及面對一群聽眾時，並有相關問題與實作。使得讀者能夠在閱讀吸收後進行自我練習，熟能生巧，達成在職場上與人「真正地」連結。

敵人是立場不同的朋友，本書從作者自身的經驗與聖賢哲人故事的實例切入，深入淺出。讀者若能用心體會，並落實於職場上，我想溝通技巧將大幅上升，值得推薦！

— 推薦序 —

將生命中的每個人「連結」成意義

溫肇東 教授
東方廣告董事長／創河塾塾長
政治大學科技管理與智慧財產研究所兼任教授

「Connecting People」是多年前 Nokia 的廣告詞，為其品牌的崛起傳遞了很簡單、有效的訊息。一個來自北歐「地廣人稀」的社會，人與人之間確實有通訊連結的需要。更有意思的是，這個意義在台灣更被延伸到「科技始終來自人性」，也被廣泛運用在各種場合；我在「科技與人文社會」的課堂上，常常拿這句話來討論科技與人文「兩種文化」的辯證。

「連結」可以是通訊、科技，有形的溝通工具和功能，也可以是賈伯斯（Steven Jobs）在二〇〇五年對史丹佛大學（Stanford University）畢業生的演說中，回顧他這一生所提到的「Connecting the Dots」。透過個人深刻的反思，將生命中的點滴連結成意義。

在這二層「意義」之外，本書作者約翰．麥斯威爾又提出第三個層次的意思，如同他的英文書名「Everyone Communicates, Few Connect: What the Most Effective People Do Differently」，**每個人都在與人溝通，但只有少數人做到「與人連結」（Connect）**，而他整本書就是在教你如何更有效地與人連結。

約翰・麥斯威爾是國際知名的領導學專家，寫過很多領導方面的暢銷書。這本書雖以「連結」為核心，但也不時會提到成功的領導者或溝通者他們是如何做到真實、深刻的「連結」。領導和與人連結有許多相通之處，因此不難明瞭他為什麼會出這本書了。果不其然，此書在美國銷售超過二十萬冊，並授權到十五個國家，顯示出這個議題在市場上是有賣點的。

作者從自己的經驗出發，同時旁徵博引各種成功、失敗的例子（尤其是演說的場景），讓讀者了解什麼才是真正及有效的連結。最核心的概念是「連結關鍵在他人，別在自己身上找答案」，你有沒有注意到他人的需要，亦即同理心；成熟是一種設身處地，從他人立場看待事情與行動的能力。我們**在溝通時，往往只是一古腦地希望對方聽我的，而不在乎對方想要的或他在想什麼，因此常常有溝沒有通**。

連結並不是多一點交談，而是因應連結的對象：你在乎我嗎？你可以幫助我嗎？我可以信任你嗎？當然，溝通及連結不只是語言的問題，要想建立有效的連結，在視覺上、智識上、情感上及言詞上都必須交互運用，才能在思想、情緒和行動各個層面傳遞出完整的訊息。

與人連結歸根究柢就是──「人的事業」（People Business），星巴克之所以成功，他們不是在咖啡產業中為人們提供服務，而是在人的事業中提供咖啡；台灣的餐飲要建立品牌亦應如此，不管你提供的是滷肉飯還是珍珠奶茶。

作者提出很多如何與人深刻連結的各種方法，其實都不難，只看你願不願意去做。例如第六章中，他強調連結是一種選擇，進而提出每天練習的方法，他建議：

- 選擇花時間與人相處；
- 藉由聆聽找到共同點；
- 對他人感興趣，並主動提出問題；
- 為他人著想，找出感謝他們的方法；
- 願意讓別人走進自己的生活中；
- 關心別人，讓他們知道你有多在乎他……。

類似以上的練習，作者提出很多提示，幾乎每一章就有一篇，甚至太多了。我覺得**只要做到其中一、兩項，就會改善你與周遭人們的關係以及和他們的連結**。

這是一本十分容易閱讀的書，如果你想要多「與人連結」，我推薦大家閱讀並加以實踐。

—推薦序—

連結——從聽者的角度出發

張瀞仁
美國非營利組織 Give2Asia 亞太經理

我曾在運動行銷公司從事運動經紀工作，負責協助台灣球員跟美國職棒大聯盟球隊簽約。讓他們有機會到太平洋彼端接受頂級的訓練，進一步挑戰棒球世界的最高殿堂。有次，某位就讀大學的球員被美國職業球隊相中，也談到了不錯的簽約金。開心的主管帶著我驅車前往那所大學，希望教練首肯，能讓該名球員完成旅美的夢想。

那是一所頂尖的棒球名校，教練辦公室中數不清的獎盃及獎牌說明了一切。我們坐在柔軟的皮沙發上，由主管說明來意，並且清楚描繪了旅美對球員的益處。當時還很菜的我只能靜靜坐在一旁，我發現相較於主管對球員的期待，教練從頭到尾臉色凝重，只是點頭或簡短的回應。接下來就是一段讓人不安的沉默。

主管再次強調，「教練，我們希望他有這個機會去美國。不錯的簽約金加上好的訓練環境，這樣對他百利而無一害」。

我記得教練只淡淡地回了一句，「從頭到尾，我沒有聽到對我有什麼好處」。初出社會的我，聽到這句話非常震驚。從此之後，任何跟他人相關的事，無論是談判、交易，或只是代轉個文件，我一定會先自問：**「怎麼樣才能讓對方有好處，或至少可以讓他輕鬆一點呢？」**

約翰．麥斯威爾博士，在書中強調的就是這種「連結的力量」。太多時候，我們把連結想的太簡單，或把擅於連結的人想的太表面。「他就是會拍馬屁，老闆才會那麼信任他」；「她長得漂亮、又有那麼多有錢有權的家族朋友，創業募資當然會成功」……。如果只是拍馬屁，市面上不會有那麼多書教人「向上管理」；如果只是靠外貌或親友關係就能成功，就不會有那麼多名人明星辛苦經營副業。

隨著社會經歷漸久，我開始有許多上台演說的機會，目的可能是募款或是推廣，但總要面對一群我不認識的陌生人。那又是另一種建立連結的挑戰。我害怕這種敵暗我明的狀態，害怕一屋子的人插著手、盯著我，心裡想著：「我看妳有什麼好講的。」

為此我投資了不少時間在精進簡報技術，還去上了昂貴又超級難報名的簡報課。課程的成果驗收是一場比賽，名次先不說，講師說他覺得我做的最好的是——不斷從聽眾的角度出發，回答他們可能有的疑問。

「這叫做同理心吧？」當時我心裡這樣想，直到看見麥斯威爾博士在書中的一句話：「真正說服人們的，不是我們說了什麼，而是他們理解了什麼」，我才把這兩件事串連起來。原來，**永遠站在對方的立場想，就可能超越年齡、性別、宗教、文化等種種藩籬，建立真正的連結**。

回到一開始的故事，那個球員成為無法建立連結的犧牲品了嗎？

非常幸運地，後來他還是順利有了一段旅美經驗，回台灣之後也取得了不起的成就。重點是，直到現在我們仍是不錯的朋友。你沒看錯，他的連結不是和主管，而是和我這個當年談判時只能坐在旁邊默默聆聽的「小咖」。而這，又是另外一段連結的故事了。

看完這本書，內向者如我可以更有自信地跨出舒適圈，去和不同的人建立各種連結，希望你也是。

—推薦序—

想感動人心？你得學麥斯威爾博士的連結溝通

王東明
企業講師、口語表達專家

不論在工作、生活中我們常常都需要「說話」，就算不發出聲音，厲害的人可以從眼神、臉部細微表情，以及適當的肢體動作來傳達內心想說的。不靠言語，卻可以讓對方接收到訊息。

在教導溝通表達的教室裡，我常問大家：「是否看過歌唱類的選秀節目？」我除了聆聽台上選手唱歌，一定會專注地留意鏡頭下現場觀眾的眼神、表情，甚至是手放的位置在哪裡，藉此觀察出這位參賽歌手現場票數的高低！

曾有一集是兩個歌手同場較勁，一位是已經發過片、知名的實力歌手 Leo，另一位是金融業的行政助理 Lily。兩個出身背景不同的歌手歌藝相當，很難從歌聲中判斷誰會勝出？兩位參賽者演出的同時，畫面一定會帶到台下現場觀眾。不時看到他們有時感動落淚、有時微笑哼唱；有人會身體跟著音樂擺動，有人開口尖叫，而有人會靜靜地若有所思……你會發現為什麼一個素人選手，得到的反應竟然比職業選手還要多？

或許你會想，這個素人選手可能不是素人，是製作單位派了一個職業歌手巧扮，或是真的是一位民間高手。兩位歌手一起站在台上準備接受評審們評論，還記得有位天王唱片製作人問Leo：「你唱歌的時候在想什麼？」

他回答：「我只想把歌唱好！」

同樣的問題製作人也問Lily，她則回答：「我想唱給辛苦把養大我的媽媽聽。」

評審給了Leo很多建議，最讓我印象深刻的是，評審們一致認為他只是在用「技巧」唱歌，來隱藏他毫無感情、靈魂與內心的不安全感。這一點和麥斯威爾博士在書中所說的極為相同，許多溝通者因為內心不安，而利用許多技巧及艱難的詞彙，企圖讓自己看起來「很厲害」。

沒想到Leo瞬間哭了！他承認自己已經失去唱歌的樂趣，他很迷惘，只想唱贏不要輸。一個只想贏的歌手和一個只想得到認同的溝通者，都是一場災難。

反觀來看，Lily雖不是職業歌手，卻可以感動人！為什麼評審及現場的觀眾會給Lily高分呢？是歌唱技巧厲害？歌聲如黃鶯出谷？長得很美麗嗎？其實都不是！只是她選的「歌」加上她個人的「詮釋」，讓大家跟自己的情感有了「連結」。如同麥斯威爾博士強調溝通有三大成分：智識面、情緒面與行動意志面，而她在情緒面引起聽者的共鳴。

你可以發現，唱歌跟說話很像，歌就像是你想說的內容；唱歌技巧就如同說話的方法，透過不同方式的詮釋，讓聽的人連結愈多，愈能引起感動、行動，發揮你更大的影響力！

約翰．麥斯威爾博士以自身經驗出發、撰寫的《與人連結（全球暢銷經典）》，內容中提到很多與人連結的方法，每個方法都有案例、參考重點與提醒！如果你不想開口只有匠氣，想提升自己的說話感染力，這本書絕對值得你閱讀！

目錄

第一部

與人連結的同贏原則：

你如何讓人心甘情願站在你這邊？

「人生中沒有什麼事比有效溝通的能力更重要的了。」

光靠天分是不夠的，有經驗也不夠。

想要領導他人，你必須能夠好好溝通，而連結就是關鍵。

第二部

與人連結的同贏練習：
成功不是單人表演！你如何贏得信任與事業？

當不會連結的講者去思考聽者需要知道什麼時，他們注意的是資訊。
但這不是我要說的東西。
從連結的角度來說，人們需要知道你站在他們那一邊。

—前言—

提升人際關係、工作和生活的「致勝連結法」

上個月我接到一通越洋電話，電話那頭是桑吉斯．瓦吉斯（Sangeeth Varghese），他是位書籍作者、專欄作家，以及一間在印度培育領導人的公司 LeadCap 創辦人。他幫《富比世》（*Forbes*）雜誌的專欄採訪我，跟桑吉斯談話很愉快，但是我們遇到一個問題，就是電話的訊號很差。我敢說我們斷線了十幾次，前一分鐘還在暢談領導話題十分開心，下一分鐘線路就斷了。

每個人打電話時都遇過這種事，這就是為什麼美國電信公司威瑞森（Verizon）會舉辦「你聽得到我說話嗎？」的活動。如果電話斷線了，你一定會知道，對吧？那你的反應是什麼？這會讓你有什麼感覺？煩躁？沮喪？生氣？

你是否曾經想過，電話斷線時，你為什麼會有那樣的反應？斷線浪費了你的時間，打斷你正試著完成的流程，也降低生產力。重點是——**在溝通時，「連結」就是一切**。

在電話連線不良時你會知道，但是當你跟某個人面對面溝通的時候呢？你知道連結是何時搭上的嗎？當連結狀況開始變差時，你辨識得出來嗎？你能察覺「線路」何時斷掉的嗎？

大多數人都能輕易地分辨電話的收訊是否良好，但是在每天其他的生活情境中，卻渾然不知自己有沒有與他人達成連結。

我是怎麼分辨的？我怎麼知道自己有沒有與他人連結上呢？我會去尋找一些信號。當我跟人互動時，無論是一對一、在團體中，還是面對一群聽眾，如果我感覺到以下狀況，就表示我和他們已經「連結」上了：

- 加倍努力：人們會做得更多；
- 主動讚美：他們會說正面積極的話；
- 無防備的坦承：他們表現出信任；
- 溝通增加：他們會更能夠表達自己；
- 愉快的經驗：他們對自己正在做的事感覺良好；
- 情緒連結：他們會從情緒層面表現出連結；
- 正面能量：他們的情緒「電池」會因為相處而獲得充電；
- 增進合作：所有人的貢獻加總起來發揮出更大效果；
- 無條件的愛：他們毫無保留地接受。

每次與人互動，發現到這些信號存在時，我就知道自己與他們連結了。我學會怎麼與他人產生連結，也學會判斷自己是否成功。

關於連結，你的表現怎麼樣呢？你在與生活中很重要的人一對一互動時，有接收到這些信號嗎？你在帶領會議或參加團體活動時，這些連結的特徵明顯嗎？當你對著一群聽眾說話時，和他們連結的程度是不是不只溝通順暢，而且對彼此來說，都是很愉快的經驗呢？

如果對於上述這些問題，你無法自信響亮地回答「是」，那麼你就需要改善與他人連結的能力了。**每個人都會說話，每個人都在溝通，但是極少人能真正與他人連結，而那些確實會連結的人，能把他們的人際關係、工作和生活，都提升到另外一種層次。**

如果你想學習如何與他人連結，讓你做的所有事情都更有效益，那我有個好消息。就算與他人連結並不是你此刻擅長的事情，你還是可以學會怎麼做，並且明天就能變得更好，那正是我寫這本書的原因。

我已學會如何與他人連結，這是我最大的強項，也是我能夠與他人溝通無礙的主因之一，更是我領導方面的基礎，現在我甚至學習怎麼運用新科技與他人連結。事實上，我有把這份原稿放在我的部落格上，如此一來我就能針對這個主題與大家取得連結，得到意見和回饋。文章貼上網路後的十一週內，瀏覽次數已逾十萬次。我在書裡收錄了超過七十則讀者的留言、經歷和趣事，並且根據大家的評論，原稿進行了將近一百次調整和改進。我甚至請那些評論者寄照片給我、收錄在英文版書中，所以這本書原文封面和末頁紙上的照片，就是那些貢獻時間提供回饋，讓這本書更好的人們。

但那並不是我貼上原稿的主要動機，也不是我使用推特（Twitter）或其他新科技的理由，我之所以這麼做是因為我想為人們增加價值。一九七九年我開始寫書，對一些我從來沒有機會親眼見到的人們造成影響。到了二〇〇九年，我開始寫部落格並使用社群媒體，將自己與人們連結的範圍拓展得更大。現在，我可以為那些可能從沒看過我的書的人增添價值，而這只是另外一個與人連結的方法罷了。

我深信自己可以幫助你學習如何與人產生連結，這就是我寫這本書的理由。在本書第一部分，我會教你五個原則，這對理解如何與他人連結是非常重要的基礎。而第二部分，你會學到另外五個原則，是無論年紀、經驗，還是天生能力，任何人都可以用來與他人連結的練習。

學會與人連結，能改變你的人生。準備好了嗎？我們開始吧。

第一部

與人連結的同贏原則：你如何讓人心甘情願站在你這邊？

「人生中沒有什麼事比有效溝通的能力更重要的了。」

光靠天分是不夠的，有經驗也不夠。

想要領導他人，你必須能夠好好溝通，而連結就是關鍵。

01

我怎麼把不擅長變擅長？發揮強大影響力！

根據專家的說法，我們每天被三萬五千個訊息轟炸。無論我們去哪裡、往哪個地方看，都有人在試圖吸引我們的注意力。每位政治人物、廣告商、記者、家庭成員和認識的人們，都有話要跟我們說。每天我們都在面對電子郵件、簡訊、廣告看板、電視、電影、廣播、推特、臉書（Facebook），還有部落格，再加上報紙、雜誌和書籍，我們的世界塞滿了文字，要怎麼選擇哪些訊息要留心，哪些訊息就忽略呢？

同時，我們也有訊息想要跟別人分享。我曾讀過一篇研究報導，平均而言，多數人每天說一萬六千字，如果把這些話轉為文字，每個星期就能完成一本三百頁的書。一年之後，你就有一整個書櫃的文字了。一輩子下來，你可以裝滿一座圖書館。但是你的話有多少是重要的？多少話會造成什麼改變？多少話能被他人聽進去？

說話很簡單，每個人都會說話，問題是，你要怎麼讓說出來的話變重要？你要如何「真正地」與他人溝通？

成功的祕訣是？

人如果無法有效溝通，是不可能在生活中獲得成功的。光是努力還不夠，光是表現得很好還不夠，**想要成功，你必須學習如何與他人真正地溝通**。

你曾經在報告時，因為大家都不投入而感覺受挫嗎？你曾經希望老闆了解你為公司增加了多少價值，好讓你得到大幅加薪或升遷嗎？如果你有小孩，你是否希望他們好好傾聽，好讓你協助他們做出正確的決定？你是否想要改善你和某個朋友的關係，或是對社群造成正面影響？如果你無法找到有效溝通的方法，就沒有辦法發揮你的潛力，你不會如你渴望的那樣成功，反倒是永遠活在挫折感中。

祕訣是什麼？連結！以一個結婚超過四十年、讓公開演講成為長期且成功的事業、領導許多機構數十年，還有在美國各地與全球數十個國家裡，幫助人們自我發展者的經驗來說，我可以告訴你：如果你想要成功，就必須學習如何與他人溝通。

改變職場及人生的關鍵

我現在深信，好的溝通和領導力全都跟連結有關。如果你能在各種層面與人連結，無論是一對一、在團體中，還是面對一群聽眾，你的人際關係就會更堅實、社群意識會提高、創造團隊合作的能力會增加、影響力提升，而你的生產力更會突飛猛進。

我說的「連結」是什麼意思呢？

連結是一種能力，可以認同對方、與他們產生共鳴，進而增加你對他們的影響力。這件事為什麼很重要呢？因為與他人溝通和連結的能力，正是發揮你潛能的主要決定因素。想要成功，你必須與他人合作，如果想要把這點做到最好，你就必須學習連結。

如果你非常善於連結，你的人際關係會變得多麼健康茁壯？你的婚姻和家庭會如何改善？你和朋友的關係會變得多快樂？當你可以和鄰居建立連結時，你們會相處得多麼融洽呢？

成為一個更善於與他人連結的人，對你的事業會有多大影響？如果你連結同事的技巧高超，相處上會發生什麼狀況？如果你可以跟老闆連結得更好，工作上會有什麼改變？根據《哈佛商業評論》（*Harvard Business Review*），「**專業人士獲得發展及晉升的首要標準，就是有效溝通的能力**。」這個意思就是連結！如果你學會如何成功與人產生連結，就能改變你的人生！

總統與領導者都需要面對的溝通真相

我最廣為人知的大概是關於領導力的著作和演說。如果你想要變得更有生產力與影響力，就學習成為一個更好的領導人，因為所有的一切都取決於領導力。而最好的領導人通常都是卓越的連結者。

如果你有興趣了解在領導之中的連結案例，你唯一要做的就是看看過去三十年來的美國總統們，因為這些總統的一舉一動都會被刊載於國內與國際媒體上，多數人對他們都很熟悉。

總統歷史學家羅伯特．達萊克（Robert Dallek）說，成功的總統有五項特質，讓他們能做到別人做不到的事情，分別是：遠見、實用主義、建立共識、個人魅力和值得信賴的特質。如同領導力與溝通顧問約翰．巴多尼（John Baldoni）所指出：

> 這些因素的其中四項，都非常仰賴多層面的溝通能力。總統，就像所有領導人一樣，必須能夠描述他們要去哪裡（遠見），說服人們跟他一同前往（共識），在人的層面上建立連結（個人魅力），以及展現出自己是可信賴的。也就是說，一旦說出口的事就會去做（信任）。就連實用主義也仰賴溝通……所以從非常實際的層面來看，有效的領導力，無論是總統還是任何位居領導位置的人，在很大程度上都依賴好的溝通技巧。

而那些溝通技巧又依賴什麼呢？連結！

暫時把你的政治意見和個人偏見放到一邊去，看看某些前美國總統的能力。想想當雷根

（Ronald Reagan）和卡特（Jimmy Carter）在互相競爭時，他們連結技巧的差異。一九八〇年十月二十八日，他們最終的辯論中，卡特給人冷酷無情的印象，問他的每一個問題，他都以事實和數字來回應。著名的新聞節目主持人華特．克朗凱（Walter Cronkite）說卡特沒有幽默感，新聞主播丹．拉瑟（Dan Rather）稱卡特是克制且不涉入情感的。當卡特為再次競選做準備時，他似乎試圖透過陳述冷冰冰的事實，來讓人們對他印象深刻，並且企圖讓聽眾同情他個人及這份工作的重擔。有一度他說：「我必須獨自決定國家的利益和參與的事務。」接著他說：「這是份寂寞的工作。」他從未聚焦於聽眾和他們關心的事情。

相對地，雷根與聽眾、甚至與卡特互動。在辯論之前，雷根走向卡特去與他握手。當卡特說話時，雷根傾聽並微笑，而輪到雷根說話時，他的訴求對象通常直接導向他的聽眾。他並未試圖以專家自居，雖然他也引用了一些數據，質疑卡特舉出的事實。他一直試著連結，許多人都記得他的結語，他問聽眾：「你們有比四年前更好嗎？」雷根告訴聽眾：「你們讓這個國家變偉大。」他把焦點放在人的身上，這位偉大溝通者與前任總統之間的對比再明顯不過了。

還有一個類似的對比是柯林頓（Bill Clinton）與他的繼任者小布希（George W. Bush）。就一位總統而言，柯林頓把溝通提升到更進一步的層次。無論是一對一或是在鏡頭前的表現，他的連結能力與雷根相當。當他說出：「我感受到你們的痛苦。」全國大部分的民眾都與他有所連結了。柯林頓不只擁有雷根的連結技巧，還加上掌握了訪談與脫口秀節目的形式，這在他競選期間是非常重要的。他似乎從不會錯過任何與人產生連結的機會，到目前為止，在與人連結這方面，還沒有政治人物能超越他。

另一方面，小布希卻似乎錯過了幾乎所有可以與人連結的機會。僅有一次他清楚地與人連結，就是二〇〇一年九一一事件發生後，他在爆炸地點發表談話時。從那之後，每次他試著與他人說話時，都顯得笨手笨腳的。他沒有連結能力一事，使得他與人民疏遠，也為他擔任總統期間所做的每件事蒙上陰影。

溝通專家柏特・戴克（Bert Decker）每年都會公布一份名單，列出該年度最佳與最差溝通者前十名，猜猜誰在他的最後一次任期內，每年都出現在該名單的最差溝通者當中？沒錯，就是小布希總統。

二〇〇八年時，戴克這樣描述小布希：「九一一事件後不久，他又溜回到聳肩傻笑、亂七八糟的句法與文法了，這一切的最低點大概是在他對卡崔娜颶風（編按：二〇〇五年颶風卡崔娜侵襲美國紐奧良，造成嚴重災情）的反應，那完全不是個領導人該說的話。過去這一年來他的影響力如此渺小，我很難過將我們的總統列為二〇〇八年最差溝通者第一名。」

如果你關心政治，你可能對卡特、雷根、柯林頓和小布希總統，有著強烈的意見。關於他們的人格特質、哲學觀或政治觀，你可以發表任何意見，無論是正面或負面的，但他們身為領導人所發揮的效能，確實深受他們擅長或不擅長連結所影響。

無論你想要領導的是一個小孩還是一個國家，連結都是關鍵。福特（Gerald Ford）總統曾說：「如果能再次回到大學，我會專注在兩個領域：學習寫作以及在聽眾面前演說。**人生中沒有什麼事比有效溝通的能力更重要的了**。」光靠天分是不夠的，有經驗也不夠。想要領導他人，你必須能夠好好溝通，而連結就是關鍵。

銷售、講師及認識新鄰居……人人皆需要的能力

當然，不只是領導者才需要連結，每個渴望讓自己所做的事情更有效，享受更佳人際關係的人，都需要連結。我從我的部落格上收到許多人的留言，確認了這一點。

我曾經收到像湯姆．馬丁（編按：書中收錄多則讀者留言評論，僅以中文譯名呈現姓名）這樣的生意人留言回應，他描述工作中連結的重要性。「連結就是參與，但要建立連結，必須要有融洽的關係。」湯姆寫道：「這就是我試著幫助我們的銷售團隊看到的，因為他們的角色是要把有機會的對象變成潛在客戶，把潛在客戶變成顧客，顧客再變成主顧。而正是這些有連結的客戶，成為我們最大的支持者，幫助我們的業績成長。」

我也收到許多老師與訓練講師的回應。超越資源（Exceed Resources）的講師兼教練卡珊卓拉．華盛頓告訴我：「在教室裡，我教導大家連結是關鍵。領導力就是關於與人的連結，服務客

戶與連結有關，教養小孩……還是連結。」

一位英文為第二語言的老師琳賽．佛賽特，在回應中寫到她在香港與中國的經驗，她注意到每次參加會議時，會議開始前總是會規畫一段連結的時間，提供食物和飲料，讓大家可以認識彼此。這改變了她的觀點：「我是那種成長過程中都會把『事情』做好的人，但我從來不了解連結的觀念。我終於學會與我的學生產生連結，這幫助我成為一個更好的老師。」

珍妮佛．威廉斯才剛搬到一個新的社區，她說她出門認識新鄰居，跟他們說話、了解他們的職業、認識他們小孩和寵物的名字。她這麼做的時候，人們開始聚集過來。有個鄰居告訴她：「哇，在妳搬過來以前，我們很少交談，不認識彼此，也從沒有在晚上時坐在外面社交。妳來這裡還不到兩個月，就已經認識所有人了！」珍妮佛說，這是因為「人們想要感覺自己與人有所連結，歸屬於某個團體的一分子。」我同意，但我也發現她就是個連結者！

當人們有連結的能力時，能讓他們得以成就的事情產生很大變化。你不需要成為總統或高調的執行長，連結才會為你增加價值；連結對所有想要成功的人來說是很重要的，對任何想要建立良好人際關係的人而言也極度關鍵。

只有當你學會與他人連結，你才能夠發揮你的潛能——無論你的職業或選擇的道路為何。否則，你就會像個沒有連結到電網的核電廠一樣，雖然擁有絕佳的資源和潛力，但你完全沒有辦法讓他們發揮作用。

我如何把不擅長的事變擅長？

我相信幾乎每個人都可以學習與他人連結，為什麼呢？因為我自己就是透過學習來的，**連結並不是我天生就擅長的事**。小的時候，我想要跟父母有連結，並不只是因為我愛他們，還包括我以為只要和我媽有很好的連結，當我調皮搗蛋的時候就可以不必被打。

我也學到幽默感對連結是非常珍貴的。記得有一次哥哥賴瑞（Larry）和我惹上麻煩，是笑聲救了我。通常我們被處罰時，媽媽會叫我們抓著椅子彎下腰，然後用製作鬆餅的鍋鏟打幾下屁股。賴瑞因為是哥哥，通常都是第一個被處罰。那次，當媽媽才打第一下時，就發出很大的「砰」聲巨響，一陣煙從賴瑞的屁股冒出來。怎麼會這樣？原來，他在褲子後面口袋放了卷玩具槍的火藥紙。媽媽大叫出聲，最後我們全都笑成一團，更棒的是，那天我竟然全身而退！接下來三個星期，我都把火藥紙放在褲子後面的口袋裡——以防萬一。

等我再大一點，開始上學後，開始發現有些孩子會和老師有連結，而我卻沒有。一年級時，最會連結的同學是黛安娜．瑰伯翠（Diana Crabtree），二年級時，是依蓮．莫斯理（Elaine Mosley），而到三年級時，則是傑夫．安克朗（Jeff Ankrom）。我看得出來老師很喜歡這些同學，我希望老師也喜歡我，所以我開始想知道他們做了什麼我沒做的事情。

上了國中以後，狀況還是一樣。我參加了籃球隊甄選，雖然入選球隊，但一直無法正式上場，即使我打得比其他兩個先發球員還要好。我可以感覺到有種無形的障礙，讓我無法到達我想去的地方。我覺得很受挫，不知道為什麼奈夫（Neff）教練比較喜歡他們，卻沒那麼喜歡我。我觀察到的那些同學在前一年就與教練有所連結，而我沒有。我的缺乏連結正阻礙著我。

你有經歷過類似的事情嗎？或許你是工作領域中技術最高超的人，卻從未獲得晉升。或者你努力工作、生產力高，但其他人似乎不重視你做的事情。又或者你很想和周遭的人建立關係，但是他們似乎不像聽別人說話那般認真聽你說話。或者你想要建立一個高效的團隊，或只是想成為良好團隊的一分子，但你卻老覺得自己像個局外人。問題出在哪裡？就是連結。想要和他人一同獲得成功，你必須有連結的能力。

我上了高中後，終於開始學習連結。我跟太太瑪格麗特（Margaret）在那時開始約會，她非常受歡迎，當時除了我以外，還有三個年輕人對她有興趣。說實在的，她對我一直有疑慮。我總是很努力要讓她留下好印象，但每當我大肆恭維她時，她都很懷疑，總是說：「哼！你怎麼能那樣說？你跟我又沒有那麼熟！」

我怎麼在這場追求中沒被三振出局呢？我決定開始與瑪格麗特的媽媽產生連結！當我贏得她媽媽的好感後，就為自己爭取到更多時間來贏得她的歡心。而每當我做了什麼蠢事，我得承認自己太常做蠢事了，瑪格麗特的媽媽就會替我說話。這讓我贏得瑪格麗特對我的信心，然後多年後，牽著她的手步入婚姻。

直到上了大學，我才強烈意識到連結的重要性。我理解到它就是成敗的關鍵。我看見那些成功和他人產生連結者，比起沒有連結的人，有較好的人際關係、遭遇較少的衝突、完成更多的事情。你有沒有聽說過有些人過著「魔法般的幸運生活」？通常那些人已經學會如何與他人產生連結。**當你與他人連結時，就是讓自己居於最能充分發揮技巧和天分的位置**。相對地，如果沒有連結，你必須克服很多事物，才有辦法達到普通、不上不下的起始位置。

我就是從那種劣勢位置開始努力的。我在大學期間和專業生涯剛開始那幾年，有很多野心抱負與清晰目標，但是缺乏與人連結的能力，就是成功的一大阻礙。

改變你及其他人生的勇氣

你知道著名的寧靜祈禱文（Serenity Prayer）嗎？由神學家雷茵霍爾德．尼布爾（Reinhold Niebuhr）所寫，被許多戒癮十二步驟療法所採用。內容是：

> 神哪，請賜我寧靜的心，接受我所不能改變的事；
> 賜我勇氣，改變我所能改變的事；
> 並賜我智慧，去分辨兩者的差別。

這則禱文說出了，當我面對自己與他人連結能力不足這件事時的感覺。我覺得自己被卡在不足與渴望改變之間，我需要知道自己在能夠與不能改善的事情之間的差異。光是知道自己不足是不夠的，如果我不能改變與改善生活中這個重要領域，就表示我與成功永遠遙不可及。我想要隨時都能與他人連結，而不是碰運氣的偶爾連結而已。

那段時間中，我仔細評估了自己的溝通技巧，而以下這些是我發現的。

有些事我可以改變，但不知道怎麼做

我能夠看出自己無法與他人連結，但我不知道為什麼自己做不到，也不知道怎麼彌補這個差異。我希望我的交友圈中有某個人可以幫助我，但是我能詢問的那些人同樣沒有與他人連結。這段時間中唯一的好事，就是它讓我開始思考如何解決這個問題。

我解決問題的能力優於連結能力

當你受挫或失敗的時候會怎麼做呢？多數人要不是崩潰、適應，就是企圖改變。幸運的是，我的成長環境良好，有正面的自我印象和態度，所以我有辦法適應。但不幸的是，適應並不是前進，它的本質是靜態與防禦性的，是種被動反應。光是適應，無法幫助任何人成就任何事，只能讓一個人繼續過活，但我想要的是改變。

想要有效溝通與領導他人，你必須積極主動、先發制人，你必須做的絕不只是適應而已。我發現到這一點，如果想要成為一個不斷進步、領導他人，並經營成功企業的人，我需要超越適應，必須與他人連結。

我想要創造差異，而不只是知道差異

人生中總有些時候，你會發現有些事情是你做不到的，在那些時候，你可以決定接受事實或是奮戰到底。我選擇了奮戰，為什麼呢？因為我想要改變別人的生命，而我知道如果自己不學習如何與他人連結，我的能力將永遠受限。

我不願意只是接受自己的短處，我想要做些改變。

不只需要改變的勇氣，還需要連結技巧

說真的，對於像我這樣天生積極的領導者來說，「寧靜禱文」感覺有點被動。關於我能改變和不能改變的事情之間的差異，我想要的不只是知道與接受的勇氣而已。我想要擁有可以持續執行改變的勇氣、精力和技巧。我想要成為一個連結者，能對他人的生活產生正面的影響。我想要學習隨時和任何人進行連結。

連結就是多一點交談？錯！正確答案是……

無論你的目標是什麼，連結都可以幫助你。而如果你不能連結，它就會讓你付出代價。當然，學習與人們連結以及有效地與他們溝通，還是有其他好處的。舉個例子，朋友寄來一則故事，那是有關墨西哥老西部的銀行搶匪豪爾赫．羅德里格斯（Jorge Rodriguez）的趣事。一九〇〇年代時，他都在德州邊境活動。因羅德里格斯實在太厲害，德州遊騎兵還特地組了一支特種部隊試圖阻止他。

有天下午稍晚，一名遊騎兵看見羅德里格斯偷偷溜過邊界回到墨西哥，便遠遠地跟在他身後。他看見這名亡命之徒回到家鄉的村莊，在廣場上和一群人廝混。當羅德里格斯進入他最喜歡的酒吧放鬆時，遊騎兵也跟著溜進去，試圖抓住他。

當遊騎兵用槍指著這位銀行搶匪的頭時，說道：「豪爾赫．羅德里格斯，我知道你是誰，我要來取回你從德州銀行裡偷走的所有金錢。把錢交給我，否則我就轟了你的腦袋。」

羅德里格斯看見他的徽章，同時感受到他的敵意，但是有個小問題——他不會說英文。他開始快速地說著西班牙文，但是遊騎兵不懂他在說什麼，因為他並不會說西班牙文。

就在這時，有個年輕的男孩走過來，用英文說：「我可以幫忙。我會說英文和西班牙文，你們想要我當你們的翻譯嗎？」

遊騎兵點點頭，男孩便很快地向羅德里格斯解釋遊騎兵剛才說的一切。羅德里格斯很緊張地回答：「告訴這位德州遊騎兵大人，那筆錢我連一毛都還沒花。如果他到小鎮的水井旁，面向北邊，數到第五塊石頭，就會找到一塊石頭是鬆的。搬開那塊石頭，所有的錢都埋在那底下。拜託快點告訴他。」

男孩轉頭看向遊騎兵說：「先生，豪爾赫・羅德里格斯是個勇敢的人，他說他已經準備好赴死了。」

好吧，這個故事應該是趣味多過真實，但是它講到了一個重點。對我們多數人而言，與他人連結可能不是攸關生死的事情，但往往攸關成敗。我認為，人生的經歷愈多，就愈會察覺到與他人連結的重要性。這就是社群網路活動的基礎。人們渴望與他人連結，而大多數人為了感覺自己與他人有所連結，會願意做任何事。

阻礙公司成長最重要的因素

與他人連結的能力，從了解人們的價值開始。《從A到A+》（*Good to Great*）的作者吉姆・柯林斯（Jim Collins）觀察到：「那些建立卓越公司的人都明白，阻礙一間偉大公司成長的最重要因素，不是市場、科技、競爭，也不是產品，而是一件超越這一切的事情——有能力找到並留住正確人才。」你要透過與這些人連結，才能達到這一點。

前西南航空的董事長暨執行長——赫伯・凱勒赫（Herb Kelleher）就做到了。我是在二〇〇八年五月二十一日想起這件事的，當時我看到《今日美國》（*USA Today*）報上有一篇西南航空飛行員協會的廣告。廣告中的照片是一張寫著飛行航線的餐巾紙，而內容如下：

> 謝謝你，赫伯！
>
> 從雞尾酒餐巾紙到駕駛員座艙，赫伯・凱勒赫為航空史上最有活力的公司鋪下了一條康莊大道。
>
> 赫伯，隨著你準備從西南航空董事會主席卸任，西南航空的機師們想要感謝你這三十八年來為公司和機師，提供超級積極正面的服務。這是我們的殊榮。

赫伯・凱勒赫做了所有最有能力的人都會做的事——與人連結。他讓別人知道他關心他們，不只是在西南航空，而是任何他所到之處。

報紙雜誌出版商艾爾・蓋勒，留言分享自己參加了一場在舊金山的會議，當時凱勒赫被安排為午餐會的演講者。餐會開始前一個小時，艾爾和一些朋友已坐在空蕩蕩宴會廳裡的桌子旁，這時凱勒赫走了進來。

「赫伯！」艾爾大喊：「過來加入我們吧！」出乎他意料的是，凱勒赫真的走過來了。他和大家聊天開玩笑、記住每個人的名字，並閒聊在這間航空公司裡的各種經驗。當艾爾告訴凱勒赫，他的妹妹不久前第一次搭乘西南航空，凱勒赫便開玩笑說，他應該告訴她不要再去搭其他航空公司了。

「你親自告訴她吧。」艾爾立刻回答，然後拿出手機撥電話給他的妹妹。凱勒赫也開心地接過手機，在她的語音信箱中留言。整桌人都笑成一團。

「赫伯．凱勒赫大可以走過我們身邊，去做他的音效測試，然後把握演講前的時間享用一頓美味午餐。」接著艾爾說：「但是他停下腳步，利用這段時間和這群人中的每一位進行連結。」

電韻（Telеometrics）顧問公司的傑伊．霍爾（Jay Hall），曾針對一萬六千名執行長的表現進行研究，進而發現關心他人和連結他人的能力，與一個人的成就有直接的相關性。下表就是他的部分發現結果。

高成就者	一般成就者	低成就者
關心他人和利潤	專注於生產力	滿心只想著自己的保障
樂觀看待部屬	較專注於自己的地位	對部屬有較多的不信任
向部屬尋求意見	不願向部屬尋求意見	從不尋求任何意見
仔細聆聽所有人的聲音	只聆聽主管的話	避免溝通，依賴公司政策

很顯然，如果你想要在與他人合作時得到優勢，就必須學習連結！

創造生活所有領域的高效能？靠連結

如果你已經致力與人連結，你可以學習怎麼做得更好。但如果你之前從沒有試著和他人連結，你會非常訝異它竟能如此改變你的人生。

凱西．威爾區是某三重唱團體的其中一員，寫信告訴我她曾到護理之家參觀的經驗，信中她寫道：

為了找到某個工作人員提供許可，以便讓我們移動餐桌、架設器材，我站在最靠近的護理站，安靜地等待可以詢問的員工出現。等待時，我注意到有位坐在輪椅上的女士，她背對著我，頭幾乎垂到自己的膝蓋上。她一動也不動地坐著，右手臂放在護理站的櫃台上，似乎完全沉浸在自己的世界裡。

我們前往那個護理之家，就是為了鼓舞與照料裡面的長者。我忍不住繞到那位女士面前，俯下身子詢問她還好嗎。本以為她不會回應，因此當她轉過頭看我並抬起頭來，帶著愉快的神情回答時，我真的非常驚訝。她說：「我很好！我的名字是阿比蓋兒，我以前是個學校老師。」

我無法想像她在那裡等著有人注意到她，已經等了多久。無論在什麼地方、何種情況下，人就是人，不是嗎？

沒錯，人就是人，無論你在哪裡遇到他們，他們都渴望與他人連結！

如果你正面臨與人連結的挑戰，如同我在人生與事業初期遇到的困難那般，你可以利用連結的選擇來克服它們。透過學習在任何一種情境下與每一種人連結，讓自己變得更有效能。

我可以幫助你，因為我學習過如何與人連結，而且幫助過許多人學習怎麼連結，所以我確信自己可以幫你。首先我想做的是，幫助你學習與他人連結背後的原則，透過以下方法：

- 專注於他人；
- 擴充你的連結字彙，讓它們不只是單字；
- 整理你的能量以進行連結；
- 深入了解優秀的「連結者」是如何連結的。

接著，我會幫助你取得連結的實用技巧：

- 尋找共同點；
- 簡化你的溝通；
- 引起人們的興趣；
- 激勵啟發他們；
- 保持真誠。

這些是任何人都能學會的事情。

我相信，我們會成為怎麼樣的人，以及我們在生活中完成的一切，都是與他人互動的結果。

如果你也相信這是真的，那麼你就知道與人連結的能力，是一個人所能學習的最重要能力之一。

這是一件你可以從今天就開始改善的事情，而這本書會幫助你做到。

在本書中，會把焦點著重在與人連結的三種不同狀況：一對一、團體中，以及面對一群聽眾時。在每一章的最後，都會有問題或作業，幫助你將該章內容應用到自己實際生活的這三個領域中。

連結原則：連結可增加你在所有情況下的影響力。

關鍵概念：團體愈小，連結的重要性就愈大。

∞一對一連結

與人進行一對一連結，比起能在團體中連結或與一群聽眾連結來得重要。為什麼呢？因為，有八〇至九〇％的連結都是發生在這種狀況下，而這正是你與生活中最重要的人們進行連結的方式。

你和朋友、家人、同儕，以及同事的連結有多好呢？若想在一對一的狀況下提升你的影響力，得這樣做：

- 多談論對方，少談論自己。在會議或社交聚會前，先準備兩到三個你可以詢問對方的問題，和他交談。

◆準備某些有價值的東西，像是有助益的名言、故事、書籍或CD，當你們會面時可以贈予對方。

◆在對話結束時，詢問對方有沒有什麼你可以幫他們的，然後確實做到。提供服務的行為，會比言語帶來更深遠的影響。

∞在團體中連結

要和一個團體產生連結，你必須先熟悉該團體中的成員。而要做到這一點，可照著以下做法執行：

◆找出方式讚揚團隊中成員的想法和行動。

◆找出方法為團隊中成員以及他們所做的事情增添價值。

◆當團隊獲得成功時不要居功，失敗時也不要怪罪他們。

◆找出可以讓團隊一起慶祝成功的方法。

∞與聽眾連結

學習如何與一群聽眾建立連結的好方法，就是——觀察擅長此道的溝通者。從他們身上學習，採納你可以做的部分並轉變為自己的風格。

此外，還有以下四件事情，可以幫助你用來與聽眾連結：

- 讓你的聽眾知道你很開心能和他們在一起。
- 表達出你很想為他們增加價值。
- 讓他們知道：他們或他們的組織為你增加了價值。
- 告訴他們，你和他們在一起的時間，是你當天最優先的要務。

02

連結關鍵在他人！別在自己身上找答案

你是否曾經發生過，開開心心地想要和某個重要的人分享美好經驗，卻意外地搞砸一切？幾年前，我就遇過這樣的事。

當時我到南美洲出差，有機會去參觀世界七大奇景之一、古印加人的山頂家園——馬丘比丘（Machu Picchu）。我的嚮導很棒，景色很壯麗，整體經驗非常美妙。當我回到家，就決定要帶太太瑪格麗特去那裡。

之後沒有多久，我們選定了日期，並邀請我們的好朋友泰瑞（Terry）和雪莉．史陶柏（Shirley Stauber）一同前往。為了讓這段旅程更特別，我們預約了庫斯科（Cusco）一間由十六世紀修道院改造而成、非常不錯的旅館，並且預訂了東方快車的豪華車廂。我想讓這一生一次的旅行經驗盡可能特別。

連結災難——照本宣科的演說者

我們滿懷期待，跟史陶柏夫婦以及在祕魯住了二十五年的朋友羅伯特（Robert）和凱琳．巴瑞吉（Karyn Barriger），一起搭上火車。羅伯特和凱琳，去過馬丘比丘很多次，但還是同意加入我們，作為非正式的地主和嚮導。當火車沿著山坡經過鄉村往上攀爬時，沿途風景絲毫沒令我們失望。三個半小時的車程中，窗外壯麗的景致讓我們彷彿置身《國家地理頻道》（*National Geographic*）的特別節目中。火車上的食物和服務都無懈可擊，與朋友們的對話更是溫暖深入。

中午抵達車站，轉乘巴士到那個古老的城市，我們和其他六名乘客及導遊卡洛斯（Carlos）一起入山。在搭車前往山頂的途中，我試著和卡洛斯連結，因為如果我能夠對導遊有更深的認識，讓他也更了解我們，這樣的旅行經驗通常比較好。我試著和卡洛斯聊天，詢問他的背景和家人，想要藉此更了解他，但他始終沒有投入，回答都很禮貌而簡短。我喜歡他，但是我很快就發現，他沒有真心想要了解我或這個旅行團裡的任何人，他也不打算做任何事與我們連結。

馬丘比丘的確是世界上最美麗的地方之一，水晶般湛藍的天空，襯著青蔥翠綠的山線，令人感覺一伸手彷彿就能觸碰到鄰近的山巔。河流在這座古城邊緣的巨大峽谷中奔流，景致叫人嘆為觀止。

一下車，當地濃厚的歷史氣息便迎面而來，我們試著細細品味這個地方，但卡洛斯很快地將我們聚集起來，開始他準備好的講稿。彷彿對他而言，他想要跟我們說的內容，比我們任何人的想法還重要。接下來的四個小時，我們簡直資訊超載，卡洛斯用一大堆事實、數據、日期和細節來轟炸我們。我前一次造訪的美好經驗，也是我想要和瑪格麗特與朋友們分享的感受，都被卡洛斯和他不斷丟出令人厭煩的資訊給搞砸了。我們提出的任何問題，都是給卡洛斯造成不便，只要有人想要拍照記錄這個珍貴的時刻，卡洛斯會很快地將我們帶回到他的演說裡。很顯然，他一點都不覺得我們——也就是他的聽眾，有任何重要性。

隨著時間一分一秒地過去，我們這團愈來愈籠罩在一股興趣缺缺的氣氛中。不久之後，我們開始覺得自己好像是卡洛斯和他的行程的破壞者。很快地，我發現團員開始一個個地四處散開，他們在身體和心神上都脫離了卡洛斯。

下午才過了一半，整個團已經四分五裂，而卡洛斯只能對著稀薄的空氣說話。我從遠處驚奇地看著，卡洛斯面對著沒有聽眾的情況下，仍不斷解說，繼續他早已準備好的導覽。直至時間到了，巴士準備出發時，大家才回到他的身旁。

所有問題的根源：只看到自己

一個好的導遊會吸引他人的注意。花藝設計師依莎貝兒．艾帕特看到卡洛斯的故事後，寫下當她去夏威夷旅行時，遇到一位熱忱又體貼的導遊的經歷。導遊關心整個團隊，讓每個人都覺得自己非常融入夏威夷。依莎貝兒說：「我會永遠珍惜那次旅行，因為那已經成為我的一部分。雖然我一開始的期待只是去看看風景，但沒有想到，我真心期待自己也能成為那裡的一部分。」

卡洛斯跟其他不會連結的人都犯了同樣的錯：**他們把自己當成對話的中心**。許多人留言告訴我，他們是怎麼在自己的職場中犯了這樣的錯誤。芭伯・吉格力歐訴說她在販賣露華濃（Revlon）化妝品時的經驗。「我飛快地講了一大堆關於產品的內容。」她說：「我以為眼前的顧客是母女，結果她們是姊妹！我冒犯了她們，也讓自己很丟臉。」健身教練與生涯教練蓋爾・麥肯錫也說：「我常需要幫客戶決定接下來該怎麼做。在擴大自身事業上，我一直沒有得到私心希望得到的成功，我想我知道為什麼了。我並沒有真正地與人連結，我就像是那個拿著行程表的導遊一樣……哇！真慘。」

這種以自我為中心的狀況，會發生在生活的各個層面及事業的各個階段。喬爾・道伯斯告訴我一個故事，一個新任執行長無法帶領公司度過危機，因為他從未與組織內部員工進行連結。相反地，他把自己孤立於員工之外，整天待在豪華的執行長辦公室中。喬爾說：

> 有一次，他的行程罕見地被安排到另一棟大樓參加會議。但他沒有穿過美麗的中庭，步行幾百公尺到另一棟大樓（如果這樣的話，他可能會在途中碰見真正的員工），他反而是搭著私人電梯下樓，前往私人車庫，讓司機載他到另外一棟大樓。到了那棟建築物時，他只會碰到保全人員，守護著他搭上空無一人、專門等候著他的電梯，直接到達會議進行的樓層……。

他的疏離以及缺乏與公司員工的連結，使得他不可能帶領公司度過危機，最後的結果便是董事會將他撤換。新來的執行長是位傑出的溝通者和連結者，他上任後做的頭幾件事情之一，就是重新配置執行長辦公室。他告訴我們，原先那間執行長室不但大到「令人髮指」，而且窗戶也沒有對著企業中庭！新任執行長選了間比較小、且有扇面對員工窗戶的辦公室。他與公司的員工連結，帶領公司成功轉型。

這種現象當然不只出現在企業中，我知道很多老師和演講者會有一種自我中心的心態。所有對話都是關於他們，所有溝通都是展現他們的聰明才智、分享自己專業知識的機會。我的朋友艾默．陶斯（Elmer Towns），他是自由大學（Liberty University）的教授和院長。他曾跟我說，以自我為中心的教師們似乎都有同樣的哲學：

填進去、塞進去，
學生的頭腦很空；
擠進去、壓進去，
接下來還有更多。

這樣的人因為缺乏連結，而失去生命中極其珍貴的機會。一位好的老師、領導者和演說家不會把自己當成專家，需要讓被動的聽眾去欽佩他們。他們也不會把自己的利益當成最重要的事，反而會把自己當成引導者，專注於協助他人學習。因為他們重視他人，所以會努力與教導的對象或協助的人進行連結。音樂老師彼特．柯斯塔克說：「我會和我的學生連結，好讓他們懂得和聽眾連結。身為音樂家，我發現每當我與音樂連結，而不只是專注於自我時，聽眾就能感受到這種體驗。如果一個音樂家專注於自己而不是音樂本身，這場演出可能就會失焦，因為聽眾會錯失享受這種體驗的時刻。」

我承認自己剛開始擔任牧師時，並不了解這個觀念，錯誤地只關注自己。當那些遭遇困難的人來找我諮詢時，我的態度就是：趕快告訴我你的問題，這樣我才能提供你解決方法。我在領導任何一種創新活動時，都會不斷自問：「我要怎麼讓人相信我的願景，進而讓他們幫我實現我的夢想？」當我對聽眾演說時，我把焦點放在自己身上而不是他們。我渴望正面的回饋，目標永遠都是讓別人佩服我。我甚至刻意戴起眼鏡，好讓自己看起來更聰明。現在回想起來，都會尷尬到打冷顫。

以前我做的大部分事情都是關於自己，不過我一直不成功。我總是以自我為中心，而這正是我遭遇問題與失敗的根源。我實在太像知名漫畫家藍迪．格拉伯根（Randy Glasbergen）在下頁漫畫中所畫的這個人物：

「團隊（TEAM）這個字裡面沒有我（I），
但是有 M 和 E，拼起來就是我（ME）！」

我覺得受挫且難以實現自我，而不斷問自己這類問題：「為什麼大家不聽我的話？為什麼大家不幫我？為什麼大家不跟隨我？」有注意到我的問題都是以我為中心嗎？因為我的焦點就是自己，當我決定行動時，通常都是以自己的利益為出發點，我的利益優於其他任何人的利益，一切都是我、我、我！我太過沉溺於自己，結果就是使我無法與人連結。

一場演說，改變我的人生

後來發生了一件事，徹底改變我的態度。二十九歲時，父親邀請我的姊夫史帝夫・沙莫頓（Steve Throckmorton）

和我，一同參加在俄亥俄州代頓市（Dayton）舉辦的成功研討會。在我成長過程中，聽過一些偉大的傳教者演說，有些人說話時帶著慷慨激昂的熱情，有些人則是辯才無礙。但在這場研討會中，我發現到一位深諳如何與人連結的演講者，我像是被催眠般地傻坐在那裡。

當時，我記得自己心裡在想：「這是一個真正了解成功的人。我喜歡他，但是不只這樣——他真的了解我，他知道我相信的是什麼，他了解我的想法，他明白我的感受，他可以幫助我。我好想要當他的朋友，我已經覺得他就像我的朋友了。」

那位講者就是吉格．金克拉（Zig Ziglar，美國著名勵志作家及演說家）。他和聽眾連結的方式，徹底改變了我對溝通的觀念。他讓我笑、讓我哭，讓我相信自己，他同時分享了一些見解和訣竅，都是我可以從活動中帶回家，套用在自己生活中的。那天，我還聽到他說了某件改變我一生的話：「如果你先去幫助別人得到他們想要的，他們也會幫你得到你想要的。」

至此我終於理解自己缺乏了什麼，無論是在我自己的溝通方式，還是在與他人的互動中。我看到自己有多麼自私及自我中心。我終於明白，**當我應該要試著與他人連結時，我卻是想透過糾正他人來獲得成功**。

研討會結束後，我做了兩個決定。第一，我要研究優秀的溝通者，這件事也是我從那時開始一直做到現在的。第二，我會專注於他人和他們的需求，而不是自己的，來試著與他人連結。

無法把焦點轉向他人的四大困境

連結從來都與「我」無關，而是關於我正在溝通的對象。同樣地，當你試著與別人連結時，焦點不是在你——而是他們。如果你想要與他人連結，就必須跳脫自己，你得把焦點從「往內」轉變成「往外」，停止關注自己，轉而關注他人。最棒的一點是，這是你一定做得到的，任何人都做得到。你只需要有肯改變焦點的意願、徹底執行的決心，並且掌握一系列技巧就可以了！

為什麼這麼多人忽略這一點呢？我認為原因很多，但是我可以告訴你：我之所以忽略的原因，以及當初我覺得溝通和與他人合作全是關於我自己的理由。

對於溝通，你像個孩子嗎？

當我開始以領導和溝通為職業時，我既年輕又不成熟。當時我才二十出頭歲，看不到大局，只看到自己，其他的人事物全都只是背景。《上帝的爵士樂》（*Blue Like Jazz*）作者唐諾·米勒（Donald Miller）將這種不成熟比喻為：把人生想成一場電影，而你就是主角。那就是我當時的樣子，我所追求的許多目標和完成的任務，全都是關於我的渴望、我的進展、我的成功。現在回過頭來看，我常會因為自己當初自私的態度感到驚奇。

成熟是一種設身處地從他人的立場看待事情與行動的能力。不成熟的人不會從別人的角度去看事情，他們很少思考怎麼樣對他人才是最好的。從很多方面來說，他們的行動就像個孩子。

瑪格麗特和我有五個孫子，我們很喜歡與他們相處的時光。但他們就跟所有小孩子一樣，不會花時間專注於他們可以替別人做的事情上。他們從來不會說：「爺爺奶奶，我們想要花一整天照顧你們，逗你們開心！」我們也不會期待他們這麼做。我們專注於他們身上，更發現教養過程裡有一部分教育，就是幫助孩子明白：他們不是宇宙的中心。

我最近讀了麥可・賀南得茲（Michael V. Hernandez）所寫的「兒童的財產概念」（Property Law as Viewed by a Toddler）一文，我非常喜歡這些內容。如果你有孩子或孫子，或是你曾經花時間與幼童相處，就會發現文中所說極為真實：

1 如果我喜歡它，它就是我的。
2 如果它在我手上，它就是我的。
3 如果我可以把它從你手中拿走，它就是我的。
4 如果我已經擁有它一下子，它就是我的。
5 如果它是我的，絕對不能以任何方式看起來好像是你的。
6 如果我正在製作或建造某樣東西，所有零件都是我的。
7 如果它看起來像是我的，它就是我的。

8 如果我先看到它，它就是我的。

9 如果我看得到它，它就是我的。

10 如果我認為它是我的，那它就是我的。

11 如果我想要它，它就是我的。

12 如果我需要它，它就是我的。（是的，我知道「想要」和「需要」之間的差別！）

13 如果我說它是我的，它就是我的。

14 如果你沒有阻止我玩這個東西，它就是我的。

15 如果你說我可以玩這個東西，它就是我的。

16 如果你把它從我手中拿走時，我會很不高興，它就是我的。

17 如果（我覺得）我玩這個可以玩得比你好，它就是我的。

18 如果我玩得夠久，它就是我的。

19 如果你本來在玩某樣東西然後你放下來了，它就是我的。

20 如果它壞掉了，它就是你的（不，等一下，所有零件都是我的）。

隨著人們年紀漸長，我們希望他們那種自我中心的態度會軟化，心態也會隨之改變。簡而言之，我們期待人們會日趨成熟。但是**成熟度不一定會跟年齡成正比，有時候人們增加的往往只有**

年紀而已。

在多數人的內心深處，都想要感覺自己很重要，但我們必須對抗自己天生的自私態度。相信我，這會是一輩子的戰役。但這是場重要的戰役，為什麼呢？因為唯有重視他人的成熟者，才有能力真正與他人溝通。

你是自戀的納西瑟斯？

對於以面對群眾為職業的人而言，如果建立不健康的強烈自我意識，是非常危險的事。領導者、演說者和老師，都可能會過度重視自身的重要性。我的朋友凱爾文．米勒（Calvin Miller）在他的書《被賦予權力的溝通者》（*The Empowered Communicator*，暫譯）中，使用書信的形式來描述這個問題，以及對他人產生的負面影響。信件內容如下：

親愛的講者：

你的自我意識已成為你和我之間的一堵牆。你並不是真的關心我，對吧？你最關心的是這場演講到底有沒有效果……關心你表現是否良好。你真的很害怕我不會鼓掌，對吧？你害怕自己說笑話時我沒有笑；或你訴說充滿情緒的故事時，我沒有哭。你太專注於我會怎麼看待你的演講，卻完全沒有真心替我想過。我以前可能很愛你，但你太專注於自愛了，導致我的愛根本沒必要。如果我沒有在注意你，那是因為我覺得自己在這裡不被需要。

當我看著站在麥克風前的你，就像看見自戀的納西瑟斯（Narcissus）在攬鏡自憐……你的領帶有歪嗎？你的頭髮整不整齊？你的舉止是否無可挑剔？你的措辭是否完美無瑕？

你似乎掌控了一切，就是沒有掌控聽眾；你把一切看得如此美好，除了我們以外。但你對我們的視而不見，恐怕已讓我們對你聽而不聞。我們現在必須離開了，抱歉，晚點再來找我們吧。我們會回到你身邊的……當你切實地看見我們時……在你的夢想瓦解之後……在你的心粉碎之後……在你的傲慢被絕望清算之後。那個時候，你的世界就會有空間容納我們所有人；那時，你就不會在乎我們是否為你的聰明才智鼓掌叫好，你就是我們的其中一員。

你將會拆掉自我意識的那堵高牆，使用那些石頭打造溫暖人際關係的橋梁。我們會在橋上與你相見，那時我們會聽你說。所有的演說者抱持著體諒時，才能被愉快地理解。

——你的聽眾

我第一次讀到凱爾文·米勒的信時，十分震驚，因為它精確地描述出我大學剛畢業時的狀況。當時的我非常自傲，我以為自己什麼都懂，但事實是我根本一點概念都沒有。我在學校選修過演講課程，不過那是為了學位而完成的大學課程，只教導了我怎麼建構出合格的大綱。我所學的那些內容，絲毫沒有讓我準備與聽眾進行連結。教授們鼓勵我們把注意力放在演講主題，告訴我們把視線放在房間後面的牆上。我的演講彆扭又機械化，更糟的是，每次演講時，我完全沒有注意那些來聽我說話的人。我期待的是演講後能得到讚賞，沒有人能與這樣的態度產生連結。

你重視每個人嗎？

今天的我認為自己的任務是要為他人增添價值，這已經成為我生活的重心，認識我的人都知道，這對我來說有多麼重要。然而，**想為他人增添價值，就必須先重視他們**。在我職業生涯的前幾年，就沒有做到這一點。我只著重於自己的事業進程，總是忽視許多人。如果這些人對我的事業並不重要，我就不會花心思在他們身上。

我認為這種錯誤的態度相當普遍。有位護士說了一個故事，那是我聽過最能說明這點的故事，她是這樣說的：

> 我在護理學校的第二年，教授給了我們一個測驗，我輕鬆地回答出考卷上的所有問題，直到我讀完最後一題：「負責打掃學校的那位女士叫什麼名字？」
>
> 這一定在開玩笑吧。我看過那位女士好幾次，但是我怎麼會知道她叫什麼名字？我交出考卷，只有最後一題沒寫。課堂結束時，有個同學問最後一題會不會算在我們的成績裡。
>
> 「當然會，」教授說：「在你們的職涯中，將會遇見許多人，每個人都非常重要，他們值得

你的注意和照顧，就算你做的只有微笑打招呼而已。」

我永遠不會忘記那堂課，我同時知道了那位女士的名字叫桃樂絲。

想在人生中獲得成功，必須學習透過他人或與他人合作協力，一個單打獨鬥的人無法完成太多事。如同約翰．克雷格（John Craig）所說：「無論你能做多少工作，無論你的個性有多吸引人，如果你不能與他人合作，那麼你的事業不會有太多進展。」你必須要能看見他人身上擁有的價值。

當我們學習將焦點從自己身上轉移到他人時，整個世界會為我們敞開。這個事實，是全世界各行各業的成功者都了解的道理。在一場企業高層的國際會議上，一位美國商業人士詢問日本來的企業高層，他認為在世界貿易中最重要的語言是什麼。提問的美國人原以為答案會是英語，但這位日本來的企業高層對商業有更全面的理解，他微笑著回答：「我客戶說的語言。」

如果你從事的是任何形式的商業交易，光擁有好產品或好服務是不夠的。光成為產品或服務的專家還不夠，**只認識產品卻不認識你的顧客，表示你有東西賣卻沒有人會買**。而且你加諸在他人身上的價值必須是真實的，如同布麗姬．赫蒙（Bridget Haymond，領袖訓練專家）的評論：「你可以天花亂墜地說到嘴都破了，但人們心裡其實很清楚你是不是真的關心他們。」

你感到不安嗎？

人們總是太專注於自己而非他人，當中最後一個原因就是——缺乏安全感。我承認，在我剛開始自己的事業時，並沒有這個問題。我在一個非常正向及肯定的環境中長大，不缺乏自信；然而對很多人來說，就不是這麼一回事了。

馬來西亞理科大學醫學院（Universiti Sains Malaysia's School of Medical Sciences）的講師周侃勝（Chew Keng Sheng，音譯）認為，**不成熟和自我中心的根本原因就是不安全感**。這種現象在公眾演說者之間尤其常見。周侃勝說：「我記得最早幾次被要求上台演講時，我真的全身發抖。一個演講者如果沒有安全感，他就會從聽眾身上尋求讚賞。而他愈想要從聽眾身上得到讚賞，就愈會全神貫注在自己身上，以及怎麼讓別人佩服他。結果，他愈可能無法滿足當下的需求。」這麼一來可能造成惡性循環，尤其當一個人沒有得到他想要的讚賞時。

你在「人的事業」中，提供了什麼？

幾年前，我在杜拜的一場國際會議中演講，會議是由納比．薩拉（Nabi Saleh）所創辦的公司贊助。納比是咖啡和茶的專家，一九七四年開始他的事業，與巴布亞紐幾內亞的茶園及咖啡園合作，幫助他們行銷和加工。自那之後他就一直活躍於該產業中，尤其是在澳洲。一九九五年，他到美國參觀一間名為高樂雅（Gloria Jean's）的咖啡連鎖店，那是由高樂雅．金．科維多（Gloria Jean Kvetko）在芝加哥開創的咖啡店。納比和他的商業夥伴彼得．艾爾文（Peter Irvine）對這間店評價很高，並且取得在澳洲開分店的權利。一九九六年時，他們在雪梨開了兩間高樂雅，但是生意卻很不理想。

他們觀察顧客來尋求答案，沒多久，他們就找到原因了。納比說：「我們的店是根據美國模式在經營，完全不符合澳洲風格。大家喜歡這個咖啡，也很愛這裡的產品，但是他們會問：『座位在哪裡？食物在哪裡？』因為這間店是採用外帶的概念。我們知道如果繼續這樣下去，這個合作撐不了多久，所以我們開始重新規畫。」

他們花了將近兩年時間調整經營模式，不斷地修正改進，直到他們能與顧客連結。到了這時，納比和彼得才開始展店，不到十年，他們已經開了超過三百家分店。發展到二〇〇五年，他們買下高樂雅咖啡在全球展店的權利，把事業版圖擴展到美國和澳洲以外的國家。如今，高樂雅在全球十五個國家裡，有超過四百七十間店。

儘管事業成功，納比對所有事物仍維持著洞察力。我們在國際會議中碰面時，他告訴我：「**我們不是在咖啡產業中為人們提供服務，而是在人的事業中提供咖啡**。」

納比給所有在服務業的人以下建議：「你必須要有一顆服務的心，對於你接觸到的客人，必須準備好滿足他們的需求。任何時候都要考量顧客想要什麼，而不是我想要什麼，也不是彼得想要什麼，是那些付錢的客人讓我們能夠繼續經營。」換句話說，你必須謹記所有的事都與他人有關，這才是成功的祕訣。

與人連結，人們會問你的三個問題

人們在與他人溝通時的最大障礙，通常就是不理解注意力必須放在別人身上。這關乎態度是否正確，但是只有這樣還不夠，你必須能夠傳達出那種無私的態度。要怎麼做呢？我認為，首先要能回答出以下三個問題。這些是人們在與人互動時總會問自己的疑問，無論對象是客戶、顧客、訪客、聽眾、朋友、同事還是員工。

你在乎我嗎？

回想一下你這輩子跟人相處時的美好經驗。確實停下手邊的事思考一下，試著回想三至四個這樣的經驗，這些經驗有什麼共同點？我敢說經驗中的那些人一定是真心在乎你的！

互相關心會在人與人之間建立連結。是否有些朋友或家人，是你單純就想跟他們共度時光？這種渴望來自你與他們的連結。美妙的是，你可以把關心他人的能力擴展到你的個人社交圈以外。如果你可以學會關心他人，你就能與他們連結，你可以幫助他們，而且讓你和他們的生活都變得更好。這跟你的職業是什麼無關，看看以下來自各種行業中成功人士的引言：

商業界：「如果你心中暗自認為對方什麼也不是的話，就不可能讓他在你面前感到自己很重要。」

——雷斯·吉卜林（Les Giblin），全美年度最佳銷售員與最受歡迎講者

政治界：「如果你想讓一個人支持你的理想，首先要說服他你是他真摯的朋友。」

——林肯，第十六任美國總統

娛樂界：「有些歌手希望聽眾愛他們，我則愛聽眾。」

——帕華洛帝（Luciano Pavarotti），傳奇性的義大利歌劇男高音

神職界：「我發表演說，是因為我愛人們，想要幫助他們。」

——諾曼·文生·皮爾（Norman Vincent Peale），牧師與作家

根據動物訓練師蘿拉·蘇洛維克在部落格的說法，藉由關心人們而與他們連結，是不分職業

的，甚至超越了物種。蘿拉在佛羅里達奧蘭多的海洋世界擔任助理館長職務，負責訓練殺人鯨。她寫道：

我當訓練師二十四年了，多年來，我一直在「連結」與教導他人如何與沙木（Shamu）連結，沙木也一直是我偉大的老師。當你看進殺人鯨的眼睛，你會發現主角與你無關，不可能是你。當牠們知道你是為了牠們而在那裡時，連結才得以建立，這全是透過愛與關懷的關係來建構信任。你必須是真誠且值得跟隨，才能與海洋的頂層掠食者連結並建立關係。

這在一般人類身上同樣適用。

大部分人都有與他人連結的強烈渴望，但是他們也有連結困難，因為他們通常滿心想著自己的憂慮和需求。

如同凱爾文．米勒所說，多數人在聆聽他人說話時，其實都是靜靜地想著：

我在寂寞中等待一個朋友，
我流著淚想望歡笑，
我是尋求安慰的嘆息，

我是尋求治癒的傷口。
如果你想要得到我的注意，你必須讓我相信你想當我的朋友。

只要你可以幫助他人理解到你是真心在乎他們，你就開啟了通往連結、溝通，與互動的大門。你會開始建立關係，而且從那一刻開始，你就有潛力創造對你們雙方更有益的事情。因為好的關係總是帶來好事，像是想法、成長、合作關係……等。人們互相關心時，就能過得更好。

你可以幫助我嗎？

有天晚上，湯姆．阿靈頓（Tom Arington）和我共進晚餐，我問了他一些關於他事業成功的問題。湯姆是獨立製藥公司 Prasco 的創辦人與執行長，他告訴我，他的成功來自於他在任何情況下都會問的一個問題：「我可以幫你嗎？」藉由幫助他人，他也幫了自己。湯姆說：「無論何時，只要人們有心想做得更好，而我可以的話，我就會幫助他們。我發現，隨著我將他人提升到更高的層次時，他們也會讓我提升。」

銷售業界中有句話是這樣說的：**沒有人想被推銷，但每個人都想被幫助**。與人連結的成功者總是記得，其他人常會自問：「這個人可以幫我嗎？」他們回答這個問題的其中一個方法，就是專注於他們自己能提供他人什麼好處。

傑瑞．魏斯曼（Jerry Weissman）在他的著作《簡報聖經》（*Presenting to Win*）中指出，當人們在溝通時，通常會過度專注於產品或服務的特色，卻沒有好好回答以下問題：「你可以幫助我嗎？」魏斯曼說，關鍵在於要**強調帶來的好處**，而不是特色。他寫道：

> 「特色」就是事實或品質，有關於你或你的公司、你販售的產品，或是你倡導的理念。相對地，「好處」是這個事實或品質可以如何幫助你的聽眾。如果你打算說服他人，光是呈現你販售的東西有什麼特色，是絕對不夠的！所有特色都必須被轉述為好處。就算某個特色可能和聽眾的需求或興趣並不相關，但是，好處從定義上來看，永遠都是和其相關的。

在當前的世界中，人們每天都被這個產品或那個裝置的特色資訊轟炸，所以會傾向於視而不見。如果你想要得到某個人的注意力，就要展現出你可以幫上他的忙。

我可以信任你嗎？

你買過車嗎？如果有，經驗如何呢？對許多人來說，這個經驗都很糟糕，因為他們不信任那個試圖要賣車給他們的人。這個產業中有不少業者似乎會讓顧客感到不安、懷疑和猜忌。

在任何企業中，信任都極為重要。事實上，它對生命本身也至關重要。作家與講者傑佛瑞．

基特瑪（Jeffrey Gitomer）告訴我，**信任甚至比愛更重要！**

如果你買過車，從你走進汽車展售區的那一刻起，無論你有沒有意識到，當你看著銷售人員時，內心會自問本章所提出的三個關鍵問題：

1 你在乎我嗎？

2 你可以幫助我嗎？

3 我可以信任你嗎？

在不好的購車經驗中，對於這三個問題，你很可能無法全都回答「是」，甚至可能連一個「是」都回答不了！結果就是，你沒辦法與相關的人產生連結。

當然，並非每個人的經驗都是如此。事實上，恩朗．波加瓦拉留言告訴我，他在華盛頓特區與一位汽車銷售員羅伊德打交道的經驗。當恩朗還是個學生時前去買車，羅伊德很願意幫忙，可靠且值得信任。後來，即使恩朗搬到明尼蘇達州後，還是跟他買車。

恩朗說：「我想買車時，不需要擔心任何事情。只要告訴他我的預算，然後飛到維吉尼亞州去領一輛我根本沒親眼看過的車。」接著恩朗會開二十三小時的車回家。「在我們學校附近的地區，一說到買車，都會提起他這個傳奇人物。他從不打廣告，所有業務都是來自以前的客戶和他人的推薦，我覺得這是成功與人連結的完美範例。」或是像麥可．歐提斯所說：「生意會去任何它想去的地方，但只會停留在口碑最好的地方。」

頂尖溝通者懂得：「如果我是你……」

人們採取行動，都是為了自己的原因，不是為了你或我。這就是為什麼我們必須設身處地試著從他們的觀點去看事情，如果我們不這麼做，只是在浪費彼此的時間而已。

幾年前，我和我的經紀人席利．葉茲（Sealy Yates），以及團隊中幾位重要的成員，一起到紐約出差幾天，拜訪全美最頂尖的幾間出版社。我們的目標是拿到下一本新書合約。在與出版社會談前，我們花了大把時間討論，對於我們要拜訪的高階主管來說，什麼事情是最重要的。席利簡要地告訴我們出版的現狀，並提出對個別出版社的見解。團隊中的一位成員，則提出從我們公司的觀點來看，他認為哪些要點必須注意。我們每個人都提出問題並尋找解答，希望能預先做好萬全的準備。

在第一場會議的前一晚，我獨自待在旅館房間裡，為隔天的會面做心理準備。我不斷問自己：如果我是跟作者面談的出版社，會想知道什麼？如果我處在他們的位置，我會問約翰．麥斯威爾什麼問題？我相信，如果我能回答這些問題，就很有機會與他們連結並且拿到很好的合約。

我腦中有很多想法，但我不斷回到一個問題上：「你還想再寫幾本書？」我相信這就是關鍵，所以花了兩個小時時間在思考這個問題的答案。我寫下未來幾年，自己還想要寫的書籍清單。隨著清單愈來愈長，我對隔天會面的興奮與期待感也逐漸攀升。第二天早上，當我們與第一間出版社洽談時，果不其然，在討論可能的合約不到幾分鐘，一位主管問我：「約翰，你已經寫了三十本書了，你還想要再寫幾本呢？」

帶著滿腔熱情，我跟他們分享想法，以及我已知接下來想寫的十本書書名。我想當時房間裡有些人可能很驚訝我居然能這麼快答覆，而且對那些主題如此熱情。隨著我熱烈地分享這些主題時，他們也跟著興奮起來，每個人都在寫筆記和問問題。而且我可以從他們的反應中，看出哪些主題最讓他們雀躍。我們達成連結了！我所做的，只不過是花了一些時間從出版社的角度思考，並研究什麼對他們來說很重要。

如果你願意跳脫自己的立場，去考量他人，並試著了解他們是誰、他們想要什麼，那麼你就可以與他們連結。如果你真的想要幫助別人，連結會變得更自然，不會那麼機械化。這時就會從只是去做一件事，進而成為你這個人真正的一部分。如果你願意學習如何連結，你會十分驚喜那些為你敞開的大門，以及你可以合作的對象。你所要做的，就只有不斷地提醒自己，連結的關鍵全在他人身上。

連結原則：連結全是關於他人。

關鍵概念：當他人感覺自己很重要時，連結就開始了。

∞一對一連結

你要如何與人建立一對一的連結？要讓他們覺得自己有價值，又該怎麼做呢？

- 當你和他們相處時，當個好的聆聽者，去了解他們重視什麼。
- 透過提問找出為什麼他們重視這些東西。
- 分享與對方類似的、而且你自己重視的價值觀。
- 從這些共同的價值觀中，建立關係。

如此一來，你們雙方都能為彼此增添價值。

∞在團體中連結

想要在團體或團隊中讓他人覺得受到重視，關鍵就在於邀請他們參與。一個房間裡最聰明的人，再怎麼聰明也比不上整個房間所有的人。眾人參與可以創造出合作、共識與連結。

如何與團體中的人建立連結：

- 發掘並辨識出每一個人的強項。
- 肯定每個人強項的價值及可能的貢獻。
- 邀請大家參與，並允許成員在各自強項的領域中領導他人。

∞與聽眾連結

演講者無法與聽眾建立連結的其中一個原因，就是他們感覺自己和講述的內容比聽眾更重要，這種態度會在講者和聽眾之間造成障礙。因此，要讓你的聽眾知道他們對你很重要，應該這樣做：

- 盡快表達出你對他們和這個場合的重視。
- 如果可以，就為他們做些特別的事，比如為他們準備獨特的內容，並讓他們知道你做了這些事。
- 把所有聽眾都當成傑出的人，期待他們給你很棒的回饋。
- 在你要結束演講時，告訴他們你多享受有他們相伴的時光。

03

超越言語力量，有效溝通的四大成分

一群人收看電視上的實境節目，內容是兩個同樣有天分的人演唱同一首歌。其中一人讓聽眾感動得起雞皮疙瘩，另一人卻讓大家覺得無感，為什麼會這樣呢？

同一所大學中的兩位教授，在同一時間使用同樣的大綱和指定教科書，教導同一門課程。學生們排著隊想要申請其中一位教授的課，另一位開課時的人數卻寥寥無幾，為什麼呢？

兩位經理共同經營一間餐廳，二十位員工都輪流為他們工作。當第一位經理需要額外的幫忙而要求員工加班時，他們都很願意留下來幫忙。但隔了一星期，另一位經理提出相同要求時，所有員工都藉口說自己無法留下協助。這種差別的原因是什麼？

父母在同一個屋簷下，運用同樣的規定，共同養育一個小孩。小孩開心地服從其中一位，卻抗拒另外一位，為什麼呢？

兩位歌手唱出的歌曲，不是應該得到同樣的反應嗎？同樣課程對學生的吸引力，不是應該一樣嗎？兩位經理不是應該得到同樣的尊重嗎？一個家庭裡的父母雙方，不是應該得到孩子同樣的回應嗎？

你應該憑直覺就知道答案是「不」，但為什麼呢？因為人們對他人的反應，不僅僅是根據對方使用的言語，而是根據他們與對方相處時，所體驗到、感受到的連結。

你的「行為」太大聲，我聽不見你「說的」

許多人相信，當人們彼此溝通時，唯一重要的就是訊息本身。但事實上，溝通是超越言語的。在一個重要的研究中，加州大學洛杉磯分校（UCLA）的心理學名譽教授亞伯特・麥拉賓（Albert Mehrabian）發現，面對面的溝通可以分為三個部分：言語、語氣和肢體語言。令人驚訝的是，在某些溝通情況中，比如口語和非口語的訊息不一致時，人們會觀察我們的動作和使用的語氣，而那比我們說的任何話語來得更重要。在溝通感覺與態度的情況下：

- 「我們所說的內容」，只占讓人信服的七％。
- 「我們說話的方式」占了三八％。
- 「對方所看見的」則占了五五％。

令人訝異的是，**在我們經常傳遞給他人的印象中，有超過九〇%與我們實際所說的內容完全無關**。所以，如果你相信溝通全是來自於內容，那就完全搞錯重點了，而且你永遠都會有難以與人連結的問題。

雖然這些統計數字揭露出，在某些溝通情形下言語有其限制，但這並沒有幫助我們理解該如何改善與人們的溝通。那解決的方法是什麼呢？霍華．韓君時（Howard Hendricks，達拉斯神學院教授）多年來一直是我的遠距導師，他說溝通有三個重要成分：智識面、情緒面與行動意志面。換句話說，我們在試著溝通時，必須包括：

- 思想：我們知道的事；
- 情緒：我們的感覺；
- 行動：我們做的事情。

我相信，這三項成分對於與他人連結同樣非常關鍵。若是缺乏這三項中的其中一樣，人與人之間就失去連結，溝通也會失敗。更精準地說，我認為在下列狀況中，溝通就是失敗的。當我試著傳達：

- 我「知道」但沒有「感覺」的事情，溝通就缺乏熱情。
- 我「知道」但沒有「執行」的事情，溝通就只是理論。
- 我有「感覺」但「不理解」的事情，溝通就沒有根據。
- 我有「感覺」但「沒有執行」的事情，溝通就只是偽善。
- 我有「執行」卻「不理解」的事情，溝通就會過於冒失。
- 我有「執行」卻沒有「感覺」的事情，溝通就太機械化。

遺漏了溝通的成分時，對身為溝通者的我來說，結果就只是虛耗體力。然而，當我把這三種成分——思想、情緒、行動，都包含進去，溝通就會有說服力、有熱情，也有可信度，最後的結果就是產生連結。如果你把這三者都放入溝通中，我相信你也能得到一樣的成果。

傳遞訊息時，有沒有傳達「你自己」？

你想傳遞的任何訊息，都必須包含一部分的你。你無法只傳遞文字，更無法單純傳遞資訊，你需要扮演的不僅是一個傳訊者，還必須成為你想要傳遞的訊息，否則，你說的話就沒有可信度，也無法與人連結。

你是否曾經為他人傳達他的願景？那很難，對吧？當你要呈現的是其他人的想法時，你很難感到興奮。但如果你在某機構中工作，而你又不是最上頭的領導者時，你就得做這樣的事。那麼你該如何做才能讓人信服呢？

你應該讓它成為「你的」願景。我這麼說的意思是，你必須先找出這個願景對你有什麼正面的影響，從個人層面與它連結。一旦做到這一點，你就可以不只是單純傳遞資訊，還能夠傳達出鼓舞人心的理念。**除非你本人感同身受，否則透過你是無法成就任何事的**。

這種「視為自己擁有」的感覺，並不只是領導者和講者才需要，對作者來說也是如此。因為書籍必須與讀者連結，所以它不只是一本書，還得擁有作者的一部分，否則它就缺乏真實性與可信度。它或許有很棒的資訊，但如果作者沒有與讀者連結，這本書還是賣不起來。

這就是我身為作者時總是努力在做的事：把部分的我放進我的書裡。我不會傳遞任何我沒有經歷過，或不是從經驗中學到的事情，我希望一切都是我經歷過的。比如說：

- 《開發你心中的領導者》（*Developing the Leader Within You*）具有說服力，是因為我已經將自己培養成一個領導者。
- 在《轉敗為勝》（*Failing Forward*）中，我分享了一些方法，都是經過證實、我自己用來戰勝失敗的。

- 我在寫《與人同贏》（*Winning with People*）時，希望這本書可以像戴爾．卡內基（Dale Carnegie）的《卡內基溝通與人際關係》（*How to Win Friends and Influence People*）在我十幾歲時影響我的那樣，影響其他人。
- 《換個思考，換種人生》（*Thinking for a Change*）分享了我每天思考的方式。太太瑪格麗特說，在我所有的著作中，這本含有最多我的DNA。
- 《領導力21法則》（*The 21 Irrefutable Laws of Leadership*）提供了我用來協助全球超過四百萬人、驗證為真的領導力原則。

我努力讓我的每一本書都不只是一本書；不只是市場上可見的墨水和紙張，或是電子檔案。每本書都出自於我的心與靈魂，我相信我的書，也真摯地希望它能幫助每個閱讀它的人。

雖然，訊息要發自內心且真實不虛很重要，但光是這樣還不夠。你的訊息必須不只是訊息，它得有價值，得兌現它給聽眾的承諾，更必須有潛力改變他人的生命。這就是我每次寫書或準備演講時的目標。

每年有好幾次，我總會受邀到企業或其他組織演說，通常我會要求該機構的人在演講前與我通個電話，以便了解主辦人的期待及聽眾的背景。我的目標從來不是單純發表一場演講，我想要為人們添加價值。如果想要達成這個目標，我所說和所做的事，就必須落在該機構的宗旨、使命和目標的藍圖之中。我都會花時間琢磨自己即將要說的內容，以符合他們的需求。

演講結束後，我也會花時間評估自己是否有與聽眾連結，並幫助到我的贊助人。做法就是逐一檢視我的「連結清單」，其中包含了下列問題：

- 完整性：我有做到最好嗎？
- 期待性：我有讓贊助人感到滿意嗎？
- 相關性：我是否了解聽眾並讓他們產生共鳴？
- 價值：我有為這些人增添價值嗎？
- 應用：我是否提供他們行動策略？
- 改變：我有造成任何改變嗎？

如果我可以對所有問題都誠實地回答「有」，那我就能確定我和聽眾的連結很成功，而且對於他們給予我的時間，確實地回饋給他們了。

如果你要進行任何專業的發表或演講，或許可以使用類似的清單，來確保你盡了一切可能來與人連結。然而，就算演講不是你工作的一部分，依然有個原則可以應用在你身上。當你承擔起與人溝通的責任，**決定要服務他人而不是服務自己時，你與人連結的機會就會大幅提升**。你的態度，總是比你的言語還要大聲、有說服力。

超越言語的力量——四關鍵，建立有效連結

如果你想成功與人連結，就必須確定你的溝通超越言語。該怎麼做呢？透過在以下四個層面建立連結：視覺上、智識上、情感上以及言詞上。

人們看見的——視覺面連結

桑雅．漢林（Sonya Hamlin）在她的著作《怎麼說，別人才會聽？》（*How to Talk So People Listen*）中提到：**溝通時，在聽覺與視覺之間，視覺是比較重要且強大的感官**。她寫道：「身為人類，我們會記得所見事物的八五至九〇％，但聽到的卻只能記住不到一五％。這表示如果你希望我學習並且記住，你必須把你的想法展示給我看，藉此支持你的言語……你現在必須使用視覺的力量，以幫助維持聽眾的興趣，並且將其帶到新的理解層面。」她還用以下證據來支持這項說法，證明現在的人們比以前更仰賴視覺：

- 七七％的美國人約九成的新聞訊息是來自電視。

- 四七％的美國人所有新聞訊息都是來自電視。
- 美國的主要大企業都有自己的攝影棚。
- 視訊和網路會議正在取代現場面對面的銷售會議。
- 數位錄影系統在家庭與公司中變得更加普遍。
- 美國孩童到十九歲以前，總計看電視的時間大約為二萬二千個小時，是他們在學校時間的兩倍以上。

我們活在一個視覺的時代。人們會花無數小時看YouTube、臉書、Vimeo（線上影音網站）、PowerPoint、電玩、電影和其他媒體。你可以清楚理解在我們的文化中，視覺可見的東西有多麼重要，人們預期任何形式的溝通都是視覺體驗。

當你在人們面前進行溝通，無論是在講台上、會議室裡、球場上，還是咖啡桌前，你給他人留下的視覺印象，不是幫你加分，就是會阻礙你。電視製作人、廣告顧問，以及《你就是最好的溝通訊息》（*You Are the Message*）作者羅傑．艾爾斯（Roger Ailes），曾在《成功》（*Success*）雜誌中寫道：

你只有七秒鐘的時間給人留下正確的第一印象，在你出現的當下，你所傳達的語言和非語言訊號，就已經決定了別人怎麼看你。在商業場合中，這些關鍵的七秒可以決定你是否能贏得新客戶，或在緊張的協商中獲勝。

你有自信嗎？感到自在嗎？真摯嗎？很高興待在那裡？在這一開始的七秒鐘，你已經用微妙的「線索」告訴所有聽眾了。無論人們自己有無意識到，他們也已經對你的臉部表情、動作、姿勢，和精力熱忱立即做出回應。他們會回應你的聲音——語氣和聲調。無論你的聽眾是一個或一百個，都會本能地評估你的動機和態度。

人在七秒內就能接收到許多訊息，他們可以決定自己完全不聽這個講者要說的內容，或是深受他們的吸引力所影響。如同主張廢奴主義的傳教士亨利．沃德．比徹（Henry Ward Beecher）所說：「有些人就是那麼容光煥發、親切和藹、討人喜歡，他們一出現就讓你直覺地感覺良好、覺得愉快。他們一進入房間，就像帶來一盞明燈。」

如果你想要增加自己與他人在視覺上的連結能力，請牢記以下建議。

排除令人分心的私人物品。這點幾乎不用解釋了，當你想要有視覺上的連結時，一開始就得增加人們將注意力集中在正確事物的機會，而不會因其他東西分心。如果你打扮得體，穿著適合該場合的服裝，就是一個好的開始。無數的人失去銷售機會、搞砸工作面試，或是約會被拒絕，都是因為他們的打扮不符合他人的期待。

避免各種令人分心的個人習慣、怪表情或小動作，也是明智的做法。詢問家人和朋友，你是否經常做出什麼小動作分散他們的注意力，使得他們無法專心聽你說話。如果你有進行任何形式的公開演說，可以採用的最佳方法就是把自己錄下來。牧師約翰・樂福在我的部落格上留言寫道：「在我看見影片中的自己之前，我從沒發現自己犯了那麼多非語言的錯誤。現在回頭看影片中的自己，已成了我的例行練習，不但可以檢視自己說了什麼，也能看看自己是怎麼說的。影片不會說謊。」

增加你的表情範圍。好的演員可以不發一語，光靠臉部表情就能展現整個故事。無論我們自己有沒有察覺，我們在傳遞訊息時也會加上臉部表情。就算是那些以有張撲克臉為傲，還有努力不露出一絲笑容、不讓人知道他們在想什麼的人，也是在對他人傳達一個訊息——漠不關心，而這會使他們幾乎不可能與別人進行連結。**反正你的臉一定會替你「說話」，不如就利用它來傳遞正面的訊息吧！**

每當我和太太見到我們的孫子時，都會特別刻意向他們表現出我們有多開心。他們一到我們家，我們會停下手邊的事情，讓他們知道我們有多高興能和他們相處。而且不只用言語表達，還會加上微笑、擁抱和親吻。我們希望每次和他們在一起時，都讓他們感覺被愛、被接納，以及覺得自己很特別。

當你是在對一群聽眾說話時，臉部表情就更加重要了。一般來說，聽眾愈多，表情就必須愈誇張。當然，科技影響了人們對一大群聽眾溝通的方式，我清楚地記得自己第一次在錄影的狀況下跟一群聽眾說話，我的影像出現在一個很大的螢幕上。那時是在加州橘郡（Orange County）的水晶教堂中，大螢幕就在我左邊幾公尺的地方，我發現大家都看著那個螢幕而不是我，令我有些不安。但我隨即講了個笑話並做出一個誇張表情，使得聽眾哄堂大笑，這時我才鬆了口氣。雖然聽眾看向螢幕而不是看著我，但我還是和他們在做連結。

無論你是誰，無論你試著溝通的對象是誰，你都可以透過對人微笑、帶著較豐富的表情，來增進你的能力。

就算你是在難搞的環境或較穩重的公司文化中，也不需要總是一副冷酷的表情。我在很小的時候就發現這一點，記得三年級時，有一天早上我看著鏡中的自己，心想著：「我不是個英俊的男孩，我應該拿這樣的臉怎麼辦呢？」然後我笑了，並想著：「這樣好多了。」

帶著目標行動。大學的時候，我想要在當地的雜貨店找份工作，我的大學同學史帝夫·班納（Steve Benner）也是，所以我們兩人一起去應徵。店經理在商店門前與我們碰面，要我們跟著他走進店裡，我們就在那裡填寫申請表。寫完之後，他說隔天會通知我們他決定雇用誰，結果史帝夫被錄取了。

幾個星期後，我去找那位經理，詢問他為什麼沒有選擇我。我以為是我在申請表上寫了什麼不適當的內容。他回答我：「和申請表沒有關係，我選擇史帝夫，是因為他走進店裡的腳步比你更加輕快且有活力。」

我從未忘記這個經驗。我們對人的看法，會根據他們的舉止而有所不同，這可是千真萬確的事，不是嗎？一個人受到注意，而另一個人卻被忽視；一個人得到尊重，另一個人卻沒有。我曾聽說，搶匪和扒手是根據人的肢體語言來挑選下手對象，如果一個人走路輕快、自信、充滿警覺，罪犯通常會讓這些人走掉，再去尋找其他受害者——那些缺乏自信和警覺的人。

當人想要表達時，他的動作總會傳達出明確的訊息。只要我站在台上，就會不斷注意到這件事。我在舞台上會快速且自信地移動，因為我希望讓聽眾知道我渴望說話。我知道當我靠近聽眾時，能夠創造出一種更密切的感受。我會試著不要太過靜態，因為我知道當我每隔幾分鐘走動一下，聽眾會感受到我的活力，更可能持續地關注我。

保持開放的姿勢。對於想要溝通的人來說，肢體方面的障礙通常是連結的最大阻礙。我花了好多年才弄懂這一點，並讓自己的溝通變得更有效。一開始對聽眾演講時，我總是站在講台後面不會移動，結果，我覺得自己跟聽眾像是被隔開來了。後來我開始在台上到處走動，移動到聽眾可以看到我的地方，我跟他們的連結才大幅改善。

在肢體上與聽眾有更多連結，對我的幫助很大，而**製造心理上的開放也很重要**。這其實是我跟朋友派翠克．艾格斯（Patrick Eggers）玩美式壁球時，傷了背部後意外學到的。因為受傷，我在床上躺了三天，還差點沒辦法去賓州的哈里斯堡（Harrisburg）進行排定好的演講。我唯一可以履行這項承諾的方法，就是帶我太太一同赴約，請她幫我換衣服、準備演講，並要求主辦單位提供一張凳子給我坐。

我得以遵守我的承諾，而且在過程中，有了驚人的發現。雖然背受傷了，但藉由使用那張凳子，我比平時有更多活力。我也覺得更加放鬆，與聽眾連結關係更好。進一步分析整個情況後，我發現坐著的時候，我的溝通會比較口語化，這有助我與聽眾連結，讓演講更加有效。

自此之後，我開始注意溝通時對他人保持肢體和心理上的開放姿勢，是有必要的。當我在辦公室與人談話時，不會坐在桌子後面，我們會坐在舒服的椅子上，面對面，中間沒有隔著任何障礙物。如果是需要工作的狀況，我們會肩並肩地坐在桌子前。

只要你移除障礙物並減少彼此的距離，連結就會變得更容易。而肢體接觸會將距離全部消除，握手、拍拍背或是擁抱，都可以大幅促進連結。歌手暨作曲者蘇．杜菲德（Sue Duffield）曾告訴我一個關於她父親的故事，充分描繪出肢體碰觸的力量，以及它能如何幫助人連結：

> 我永遠不會忘記父親的手。他是個努力工作的藍領工人，每天大量磨損他的雙手——可是不知怎麼的，他總是能把指甲修剪得整整齊齊，黝黑而完美……有一天我因為交通事故受傷，渾身傷痕與瘀青躺在急診室的擔架上，這個十七歲似乎就這樣全毀了。直到我感覺爸爸

的手碰到我的肩膀，我連轉身都不用，立刻就知道那是誰。我感覺到他的能量、他的觸感，一種熟悉的安定感與即刻的連結在說：「沒事的。」

盡你一切所能移除障礙，縮短你和你想要連結的對象之間的距離。只要情況適當，使用肢體碰觸來表達你的關心。

注意你的周邊環境。無論何時，我們在準備與他人溝通時，環境都扮演著非常重要的角色。你是否曾試著與某個一心注意電視節目，而對你心不在焉的人溝通？你是否曾試著在很吵鬧的地方交談，像是建築工地或演唱會中？不理想的環境會讓連結變得困難，甚至不可能。

如果你渴望連結，就絕不能忽視所處的環境。即使你是被邀請去進行專業演說，這一點仍是非常重要。你不能理所當然地認定場地設置一定有利於溝通，即使它本來就應該是設計來進行連結的。這就是為什麼我每次受邀演講時，都會提前查看場地，我想要確定演講廳裡沒有什麼設備會阻礙我與聽眾相處的時間。

在我演講時，我的女婿史帝夫．米勒（Steve Miller）總會和我一同工作，而他通常都會比我早到現場。他從經驗中得知，我會需要什麼以便跟聽眾進行連結，首先他會檢查演講位置與聽眾的距離。這點對我非常重要，如果我和聽眾之間感覺彷彿隔著大鴻溝，就很難跟他們達成連結。

我認為這對許多溝通者都是如此，如果你還記得傑．雷諾（Jay Leno）剛成為《今夜秀》

（*The Tonight Show*）主持人時，可能會對他接手節目後不久所做的改變有印象。當主持人還是強尼・卡森（Johnny Carson）時，他總是從布幕後走出來講獨白，這很適合卡森，因為他的風格就是有些冷漠疏遠，但是對大部分講者來說並非如此。雷諾接下節目後，前幾個月都在掙扎摸索，為什麼呢？因為舞台設計不利於他的溝通風格。然而在舞台重新設計後，效果就變得很好。布幕被移除了，而說話舞台打造得非常接近觀眾席。事實上，當雷諾在主持時，每次節目介紹他出場，他就會先和前排的聽眾握手，再開始講笑話。環境的改變可以改變一切。

史帝夫檢查的第二項東西就是燈光。我希望聽眾可以清楚看見台上的我，因為我是個視覺型的溝通者。除此以外，我希望觀眾席光線良好還有以下兩個原因：我通常會提供講義，希望他們能夠在上面寫筆記；而且我也希望演講時可以看清楚觀眾。我的許多連結技巧都需觀察他人的反應，如果我能看清楚他們，就能感覺到我還需要做什麼，才能增加他們的反應。

史帝夫檢查的第三項東西是音效。糟糕的音效系統會導致溝通幾乎無法進行。我經常碰到舉辦會議的高價飯店卻提供廉價的音效系統，這實在令我非常訝異。許多場地只提供講台上的鵝頸式麥克風，沒有更好的設備了。要演講者使用那種設備，就像要奧運游泳選手戴著腳鐐手銬去贏得比賽一樣。不只聲音聽起來糟糕，而且會使演講者無法四處移動或趨進觀眾席中。

如果你想要與人連結，就得有意願做出調整。如果在家想和伴侶溝通，就關掉電視。如果想與同事或客戶吃頓飯，就挑選一個安靜、便於談話的地方。如果你負責舉辦會議或小型團體聚會，挑選正確的房間，並確定內部設備可以讓每個人進行連結。而如果你準備對一群聽眾進行演說，就應該預先檢查場地，移除所有妨礙連結的障礙物，一旦你站上舞台，想再做任何調整可能都太遲了。想要有效連結，就要負責提供他人在視覺上與你連結的最佳機會。

人們了解的──智識面連結

要在智識層面有效與人連結，你必須了解兩件事：你的主題和你自己。第一項非常明顯，每個人都聽過某個人在台上講述一個他根本一無所知的話題。好一點的話只是滿好笑的，最壞的狀況就是一場折磨了，但大多數時候，就是給人一種不可靠的感覺。如同爵士樂手查理．派克（Charlie Parker）曾說的：「**如果你沒有親身體會過它，它就不會從你的樂器中演奏出來。**」

我讀過一個關於偉大演員查爾斯．勞頓（Charles Laughton）的故事，正好可以說明一個單純的好講者和真正知道自己在說什麼的演說者之間，有什麼差異。故事是說：某次勞頓前往位於倫敦的朋友一家中參加聖誕派對，傍晚時分，主人請每位參加者背誦一段自己最喜歡，且最能代表聖誕節精神的文字。輪到勞頓時，他熟練地背出《詩篇》第二十三篇。每個人都為他的表現鼓掌喝采，然後活動繼續下去。

最後一位是個備受敬愛的老太太，她已經在角落打起瞌睡，有人輕輕地喚醒她，解釋他們正在進行什麼活動，並請她一起參加。她想了一會兒，然後用她那微微顫抖的聲音念出：「耶和華是我的牧者，我必不致缺乏……」（譯按：即《詩篇》第二十三篇的內容）她念完時，每個人都感動流淚。

當晚勞頓要離開時，其中一位家族成員感謝他前來，並提到家族成員對於同樣一段《詩篇》內容，反應卻如此不同。當他問勞頓對這個差異的看法時，勞頓回答：「我認識《詩篇》，而她認識牧者。」

當我們想要與人們的心進行連結，沒有任何東西可以取代親身經驗。如果你知道某樣事物卻沒有真正做到，聽眾就會感覺到可信度的鴻溝；如果你做過某件事，卻沒有了解到可以說明清楚的程度，聽眾會感覺受挫。你必須將兩者結合，才能持續與人連結。

了解你的主題非常重要，了解自己同樣是關鍵。有效的溝通者對自己感到自在，他們有自信是因為他們知道自己能做什麼與不能做什麼。而且當他們在與人說話時，很自然地就可以掌握最佳表現位置。

如我先前所說，我花了一段時間才學會這點，我並非一開始就是個有效的溝通者。我第一次公開演說的經驗是在一九六七年，還在上大學時。那時我的策略是模仿其他我欣賞的講者，結果簡直是一場災難！發現這個策略不管用後，我就試著利用我對主題的知識來獲得他人讚賞，但根本沒有人在聽！我花了八年時間，才找到「做為講說者的自己」。不過好消息是，**當你找到自己，就找到了你的聽眾**。

人們感覺到的——情感面連結

我的朋友以及作家約翰．科特（John Kotter）寫了一本書，書名是《急迫感》（*A Sense of Urgency*）。他在書中提到：「幾世紀以來，我們一直聽到這句話：『傑出的領導人會贏得人心和理智。』」請注意，他不是說傑出的領導人贏得他人的理智，也不是說他們贏得他人的理智和心，人心始終排在前面。

如果我們渴望成為好的溝通者，就必須將這點時時銘記在心。**如果你想要讓一個人站在你這邊，先去爭取他的心，他剩下的一切就很可能隨之跟進。**

我見過許多演講者和老師過度仰賴知識去說服他人。不只如此，他們當中很多人高估了人們對訊息的接受度，以及因訊息而想要改變的欲望。這些演講者和老師，相信他們必須做的就是列出論述的邏輯推理架構，然後就能說服這些人了。但實際上這樣做是行不通的。

治療師與領導專家、猶太拉比費艾德（Edwin H. Friedman）曾說過：

> 我們這個時代的一大誤解，就是以為有真知灼見便可以在那些沒有動力改變的人身上發揮作用。溝通並不是依賴語法、流利口才、華麗修辭或清晰發音，而是依賴被聽到的訊息中所含的情感內涵。

唯有當人們願意接近你時，才會真正聽你說話，當你的話語對他們緊迫盯人，他們就不太可能接近你。即使是最動聽的言語，如果被用來壓制別人，也會失去力量。態度才是演說的真正樣貌。

當你與他人溝通時，無論你心裡想著什麼，正面或負面，最終都會顯露出來。有句諺語是這樣說的：「因為他心怎樣思量，他為人就是怎樣。」確實如此，顯現的內心會影響別人對你的反應。**人們可能聽見了你的話，但他們一定會感受到你的態度**。這可以讓你得以與他們連結、贏得他們，或是令他們疏遠，使你失去他們。事實上，你的態度通常會勝過你在對他人說話時所用的言語。如同史隆超市（Sloans' Supermarkets）的前執行長朱爾斯・羅斯（Jules Rose）所說：「你使用的精確詞彙，遠不及你說話時展現的活力、強度和信念來得重要。」

有能力與他人在情緒層面上建立連結者，通常都有一種所謂的存在感或魅力特質，他們在人群中特別醒目，其他人會被他們吸引過去。有人就觀察到：「人們往往不會記得你說過什麼、做過什麼，但是，他們會永遠記得你讓他們有什麼樣的感覺。」

為什麼有些人有這種能力呢？我的朋友兼同事丹・瑞藍（Dan Reiland）牧師，幫助我理解到這一點。有一天他問我：「約翰，你知道為什麼有些人有個人魅力，有些人卻沒有嗎？」

「個性吧。」我立刻這樣回答：「有些人知道如何與人相處，有些人不懂。」

「我不這麼認為。」丹回答：「我不相信魅力是個性使然，它是態度所引起的作用。」他接著解釋有魅力的人會著重於外在，而不是只著重於自己。他們會注意其他人，並且渴望為他人增加價值。

我後來理解丹是對的，那些具「風範」的人懷著不自私的態度，使得他們會以別人為優先考量。他們擁有正向的態度，促使他們去尋找與關注正確的事物，而非錯誤。而且，他們擁有無法動搖的自信。

關於信心，我最喜歡的故事是來自賴瑞．金（Larry King），和有史以來最偉大的棒球選手之一泰．柯布（Ty Cobb）的訪談。柯布受訪時已經七十歲，他被問道：「如果你現在還在打球，你覺得打擊率會有多少？」

柯布在棒球生涯中最佳打擊紀錄是〇．三六七（仍是目前歷史紀錄），他回答：「大約〇．二九〇，或可能是〇．三〇〇。」

「是因為舟車勞頓、夜間球賽、人工草坪，以及像是滑球之類的新投法所影響，對吧？」賴利問。

「不是，」柯布回答：「是因為我已經七十歲了。」

如果把這樣的信心投注在別人身上，有助讓人們覺得自己與給予信心的人形成連結，也會讓他們對自己感到信心。

魅力的重點是這樣的，你不需要外表亮麗、天資聰穎，或是個辯才無礙的演說家，你只需要積極正向、相信自己，並專注於他人。這樣一來，你就很有機會和他人達成連結，因為你讓別人得以感受到你的感覺，而這正是在情感層面上連結的精髓。無論你連結的對象是一群聽眾、一個小團體，或是一對一，都是如此。

加拿大省立警察學校的教官史蒂芬．希斯科，負責訓練警員自我防衛，以及如何在艱困情況下使用武力。他試著教導警員在經歷暴力衝突後，在情感面進行連結。史蒂芬解釋：「當警員經歷暴力衝突後，他們必須向一些明明不在現場、卻表現得像是專家一樣進行評論的人，解釋自己當時的行動。」他教導警員：「不要只是陳述事實，而要加入你的情緒和感覺，讓他們感受到你當時的感覺。」每次你想要與人連結時，這就是你的目標，幫助他們感受到你的感覺。

人們聽到的——言語面連結

我希望我已經說服你溝通是超越言語的，而要與人連結，我們必須在視覺上、智識上和情感上吸引他們。然而，這並不表示我們應該忽視言語的力量！

身為作家和演說家，我的生活充斥著話語字句。我最喜歡的遊戲就是拼字遊戲，像是Boggle和Upwords。我熱愛名言佳句，我相信就如英國首相班傑明．迪斯雷利（Benjamin Disraeli）所說：「智者的智慧和長者的經驗，可被保存在名言佳句中。」

聽聽馬丁．路德．金恩博士（Martin Luther King Jr.）的演說，你就會受他的言語所激勵。讀世界上最偉大劇作家莎士比亞的劇本，你會聽到今日仍常使用的詞語，即使時間隔了四百年，而且引述者根本不知道自己引用了莎士比亞。語言就是思想流通的工具，有改變世界的力量。

我們所說的內容和說的方式，會造成相當大的影響，人們會根據我們使用的話語做出回應。我們選擇對伴侶或孩子說的字語，可能成就他們，也可能毀了他們。它們可以促成或搞砸一門生意；它們可以使無聊的談話變成值得回憶的片刻。

當我跟人一對一說話時，會很謹慎選擇正面的字眼。縱使處境非常艱難，仍會傳遞出我對他們的信心。而當我對一群聽眾說話時，我會努力使我說的話帶有力量且令人難忘。如同馬克．吐溫（Mark Twain）說的：「幾乎正確的用字和正確用字，之間差異是非常大的，就好像是螢火蟲和閃電之間的差異。」

一個人怎麼說話，也會傳遞出很多訊息。一位緊急通訊中心的主管赫須爾．克雷斯解釋：「對我們這些九一一緊急救援專線的人員來說，其中一大障礙就是我們只能用口語跟打電話來的人溝通。」然而，無法親眼見到打電話的人，並不會阻止他們有效蒐集資訊與進行溝通。「我們可以聽見講話速度、背景聲音、語調等，可是我們從經驗中學到，如何光從來電者他說的話中辨識出更多訊息，並且在即使無法取得所有非語言線索的情況下，也能跟打電話的人連結。」

人們從他人講話方式可以獲得的訊息，其實超過他們以為的程度。這就是為什麼當我說話時，我會非常注意語調、語氣轉折、時機、聲量、速度……你用聲音所做的一切處理，都傳達出某些訊息，而且可能在你說話時幫助你與人連結，或決定是否失去連結。

別向鸚鵡學溝通！找出你的風格

超越言語的溝通藝術，需要具備將這四種因素統整在一起的能力——帶著正確的情緒，使用正確的字眼，同時具備智識的說服力，並留下良好的視覺印象。而這一切需要以正確的語調、正確的臉部表情，以及正確的肢體語言來完成。

我知道這聽起來很複雜，確實如此，但它同時可以是直覺性的。我能給你的最佳建議，就是學習如何當你自己。最傑出的職業演說家都很了解自己及自己的長處——這通常是透過不斷地失敗與試驗而來——然後他們會充分利用這些強項。最棒的單人脫口秀講者、政治人物、演藝人員和領導人也都是如此。他們每個人都有自己的風格，不過同樣擁有在視覺、智識、情感和言語方面連結的能力。

如果你還沒有發現與培養出自己的風格，可以研究其他溝通者。在與他人說話時實驗看看。「借用」一下你看到他人使用的有效技巧是無妨的，只要把它**內化成自己的方式**就好。別像傑森．佩岡一樣，他坦承自己在職涯初期，有一次從CD裡聽到一個訊息，他非常喜歡，並認為組織裡的每個人都應該聽聽。「我聽著那張CD，然後把內容逐字逐句打出來。時機來臨時，我就照著自己聽到的那樣念出來。不用多說，我看起來就像隻藍色和綠色的大鸚鵡，嘎嘎地重複念出影響我的文字，這對他人起不了作用的。」傑森下了結論：「人們需要你的影響，但那不會來自你將喜歡的內容『對嘴』重現。」

你的訊息必須來自你自己，你的風格也是。花點時間發掘你的風格，培養你在各種情況中都能與人連結的技巧。而在你學習這些技巧時，切記你傳遞出來的訊息有多少比重是視覺上、超越言語的。同時記得愛默生（Ralph Waldo Emerson）說過的：「你的為人表現太過喧嘩，以致於我聽不見你說的話。」

連結原則：連結超越言語。

關鍵概念：你愈用心在超越言語之處，就愈有機會和他人連結。

∞一對一連結

當人試著和他人連結時，往往會忽略非語言溝通的重要性。他們不會多花點心思以超越言語的方式與人連結，而你可以透過以下方式進行改善：

◆把完整的注意力全部投注在對方身上，以達到視覺上的連結。眼睛是靈魂之窗，看見對方的心，也展現你的內心。

◆提出問題、仔細聆聽，並注意沒有以言語傳達出來的意思，藉以達到智識上的連結。

◆藉由肢體碰觸達到情感上的連結（面對異性時要謹慎，尊重界限並保持合宜的舉止。）

∞在團體中連結

與團體連結，是學習如何像教練一樣思考與溝通的絕佳方式。這是一個互動性的環境，你可以實際展示該怎麼做，然後請他們當場做給你看，你再提供他們回饋。在團體環境中：

◆透過親自示範來達到視覺上的連結。團體中的人們會依所見行事。

◆透過投資他人的成長來達到智識上的連結。從他們已經理解的地方為基礎、開始擴大，使他們發展到更高的層次。

◆透過把光榮歸給團隊，並獎勵他們的努力，來達到情感上的連結。

∞與聽眾連結

提到超越言語的溝通時，在三種受眾中，對一群聽眾講話是最困難的一種。為什麼呢？因為站在舞台上時，幾乎所有溝通都是依靠言語本身！然而，你還是可以藉由以下三件事，立即改善你的非語言溝通技巧，尤其是在演說一開始的時候：

◆透過微笑達到視覺上的連結。這令人知道你很高興能與他們溝通。

◆透過策略性的停頓，給聽眾時間思考你所說的內容，進而達到智識上的連結。

◆透過臉部表情、笑聲和淚水達到情感上的連結。

04

想要輕鬆連結？不可能！成功永遠需要能量

想一想你印象中最棒的公眾溝通者，在心裡列出三至四個人選；再想幾位擅長對小團體或團隊溝通的人。最後，再想一下擅長與人一對一連結的名單。

在心中檢視你剛剛想的清單，然後思考一下：他們當中有幾位是能量低落的人？我很願意打賭答案是沒有。就算這些人表現得相當低調，他們通常還是擁有表面上看不出來的強大儲備能量。

為什麼我會這麼說呢？因為與人連結不是憑空發生的，如果你想要與人連結，就必須有這個意念，而這總需要能量。

你所投入的，必會引發他們迴響

在我面對的所有經驗中，最具挑戰也帶來最多報酬的一次連結機會，發生在一九九六年。我接到一通來自印第安納州希爾漢（Hillham）的小教會電話，邀請我在他們教會成立二十五週年的紀念活動上演說。我聽得出來，打電話詢問我是否願意到他們教會演講的人相當緊張，他也想要知道邀請我前往的費用。

雖然這個請託有點意外，但我非常樂意接受。因為，在我一九六九年開始牧師生涯時，就是在印第安納州南部鄉村的這個小教會中服事。我在那裡服務的期間，出席人數從少數幾人成長到幾百人，到了一九七一年，我們還建造了一座新的教堂建築，容納不斷增加的會眾。

在這之後二十五年的牧師生涯中，我去到規模較大的教會，培養出當初從未想過的影響力，但我一直對希爾漢教會的人們懷有一份特殊情感。他們給了我這份職業的開始，並且在我年輕、沒有經驗、容易犯下愚蠢錯誤的那段日子，無條件地愛我。我立即告訴他，我很開心能回去參加這樣美好的慶典，不僅如此，我還會帶我的家人一同前往，而且我們很樂意自行支付這趟旅程的所有費用。

掛掉電話之後，瑪格麗特跟我說：「約翰，我有點擔心這個活動。二十五年是很長的時間，你已經不是當初那個人了，你和他們現在處在不同的世界，他們可能無法與你共鳴，你要如何與他們連結呢？」

對於她的這番話，我想了好幾天。瑪格麗特說的沒錯，這些年來我改變了很多，而且我很確定他們也變了，要和他們連結需要花很多精力。我不能就這麼出現，然後期待事情會自己解決。要與人連結，我得搞清楚怎麼在情感與關係上與他們拉近距離。

我知道這個二十五週年紀念，應該是屬於他們的特殊之日，而不是我的。我想要頌揚他們，而不只是去那裡慶祝而已。接下來的幾個星期，我回想早年在希爾漢與他們相處的日子，並決定盡我所能採取行動、建立連結。我做了以下這些行為。

搜尋紀念那段我們相處時光的物品

我翻遍了我的檔案夾，找到我和大家一同經歷的婚禮、喪禮、布道，與特殊活動的紀錄。其中一張照片特別顯眼，裡面有三〇一位會眾站在教堂前面，因為那天出席的人數創下新高。當我把那張照片帶到希爾漢時，大家都很開心地在照片中尋找自己。

努力記住他們的名字

我很擅長記名字，因為我真的花很多心思在做這件事。希爾漢的某些人我永遠不會忘記，我隨時能夠立即叫出他們的名字。但我離開那裡已經很久了，所以我不斷翻閱舊紀錄和照片，努力在回憶中搜索他們的名字。

到了聚會當天，我幾乎記得所有人的名字。更棒的是，當我抵達那個小鎮時，其中一個成員給了我一本新的、有照片的教會名冊，裡面收錄了所有教會成員的近照，所以我就能看到每個人現在的容貌。當我抵達教會、順利叫出每個人的名字時，我真希望你能看到他們臉上的表情。

試著讓他們覺得自己很特別

在這個週末慶祝活動中，我特別在週六安排了一次聚會，跟所有在我任職期間的教友們相聚。我不希望其他人參加，只要他們就好。我們在教會地下室共度三個小時，一同回憶過往，種種讓我們歡笑也讓我們流淚的事物。

盡可能讓更多人感覺我的拜訪是為了他們

我送給他們一些紀念品的影印本，像是洗禮證明和特殊時刻的紀念品。例如，我給雪莉．克勞德（Shirley Crowder）一份她加入教會那天我的布道內容，我給艾比．雷均諾（Abe Legenour）一張他受洗時的照片。每個人都收到某樣東西，作為那段「美好舊日時光」的紀念，接著我們全家跟他們每一個人合照留念。

盡量多花一些時間和人們相處

有些演講者和受邀講道的牧師習慣晚到，將自己與聽眾刻意隔離，站在高高的講台上說話，講完就盡快離開。

我不想這麼做，我想讓大家都能接觸到我。因此星期天的主日崇拜，我和瑪格麗特都會提早三十分鐘到場，盡可能地親自跟許多會眾打招呼。出乎我意料的是，當我們抵達教會時，停車場早已滿了，會堂裡擠滿了人！我走進去，一排接一排地跟每個人打招呼。主日結束後，我們還會留下，直到最後才走。

在布道中分享自己的失敗

我從經驗中學到，如果你希望別人欣佩你，你可以談論你的成功；但如果你希望別人認同你，比較好的做法是談論你的失敗。這就是我那天做的事，而且我感謝每個人在我年輕時的那段日子，對我如此有耐心與和善。坦白說，那個時候的我非常青澀，他們對我非常包容，我心懷感激，也希望他們知道這一點。

認為他們是我成功的一部分

一個人能在生活中有所成就，必定有其他人的協助。

那個社區裡的人幫助我走上職業的正確軌道，而我也根據這個事實準備了那次的演說，並且命名為「我在希爾漢學到的十件事」。當我說話時，他們都回想起當年，時而歡笑時而落淚。演說快要結束之際，我對他們在我人生中的影響表達了真摯的感激。最後，我對他們說的話是：「每個年輕牧師，都應該在希爾漢度過布道生涯的前幾年，這會帶給他們良好的基礎，成為一位成功的牧師。」

我相信所有人都很享受這次聚會，瑪格麗特和我尤其如此。在我們回家的班機上，瑪格麗特說：「你做到了，你跟他們成功連結了。」我很滿意，因為我已經盡力做到最好。不過我也累壞了，因為這花了我好多心力。

成為社交高手的十個祕訣？

我念大學時選修了一門演講課，四十多年之後，我真的可以說，學習如何對一群聽眾演說是我人生旅程的基礎，也是我講者生涯的成長根基。在那堂課中，我學到教授所謂的「溝通者四大不可饒恕之罪」：沒準備、不用心、不有趣且不自在。

你有注意到「四大罪」中，其中三種有個共同點嗎？就是能量。前三項都是要努力的結果，你需要能量去妥善準備、用心達到目的，並且講得有趣！無論你說話的對話是一個人還是一千人，皆是如此。連結總是需要能量。

作家暨溝通教練蘇珊．蘿安（Susan RoAne），在她的著作《個人公關》（*How to Work a Room*）中，說明在社交場合與人連結需要什麼條件。在她的網站上，提供了「社交高手的十個祕訣」，都是結識新朋友時可以使用的技巧。你在看這個清單時，同時思考一下其中有多少項需要能量。她說一個傑出的社交高手需要：

1 擁有讓人感覺自在的能力；

2 舉止自信從容；

3 擁有自嘲的能力（不是取笑他人）；

4 表現出對他人的興趣：保持眼神接觸、願意表露自我、懂得提問、認真聆聽；

5 願意接觸他人：他們在傾身打招呼時，會搭配有誠意的握手和微笑；

6 表現出有活力和熱情的感覺——也就是生活的樂趣；

7 八面玲瓏、消息靈通、禮貌周到；

8 會準備一些幽默有趣且得體合宜的真實故事與小插曲；

9 介紹人們互相認識時，會帶著具感染力的熱忱（也沒有其他種熱忱了），帶動被介紹者之間的對話；

10 表現尊重與真心喜歡人們——這是溝通的核心。

根據我估算，十項中至少有七項需要能量。如果你想要與人連結，又希望自己可以在不經意的狀況下輕鬆做到，別想了，根本不可能。與人連結，永遠需要耗費能量。

能量使用策略！五大主動連結的方法

不管你嘗試與誰連結、要連結什麼樣的內容，基本原則都是一樣的：你必須投入能量才能有效達成。而為了充分利用各種連結機會，你必須有策略地安排能量要用在什麼地方。有一些具體事項是你可以用來幫助建立連結的——溝通對象及場合或許是你的伴侶、在社交聚會上、同事或老闆、在會議中、在講台前，或者是在體育館的舞台上。我有信心這麼說，是因為我在前述的每一種情境中都曾成功與人連結。

當我說與人連結需要能量時，意思不是說你必須是個超級活躍的人，才能與人連結，也不需要是個外向者。你只需要願意使用你擁有的能量，專注於他人身上，並與他們接觸。這其實是選擇的問題罷了。工程師兼專案經理羅琳達．貝林格便說：「二十年前，我必須做出決定，不再躲進我內向個性的背後，站出來與人連結。現在，當我跟工作場合的人說我是個內向的人時，他們都會大笑。其實內向者可以表現出外向的行為，然而這真的會榨乾我們的能量，比起外向者，我們得更快充電。」

如果你想要與人連結，就必須**有意識地去執行**。關於連結所需要的能量，以及你應該採取什麼行動，才能策略性地使用能量，請見以下五項要點。

連結需要主動開始——先伸手

我很榮幸有機會在沃爾瑪（Walmart，美國零售商巨擘）公司位於阿肯色州本頓維市（Bentonville）總部，對其員工做過幾次演說。第一次去的時候，他們帶我參觀公司內部，過程中到處都能看到強調該企業價值與經營哲學的標語。那一次演說結束後，我做了些筆記，寫下許多標語中不斷出現的訊息，其中最讓我印象深刻的是「十呎原則」，內容是：

> 從現在開始，我鄭重承諾並宣布，每次有顧客走到我周遭十呎之內，我就會微笑、看著他的眼睛，並與他打招呼。
>
> ——山姆．沃爾頓（Sam Walton）

沃爾瑪創辦人山姆．沃爾頓，了解主動與人接觸的重要性。主動接觸對於任何人際關係的重要性，就好比一枝點燃的火柴對於蠟燭一樣。

我想絕大多數人都認同主動的價值。他們都承認主動出擊對培養關係很重要，但是很多人還是沒這麼做。說到與他人互動，他們通常會等其他人先來和他們接觸，但那樣只是使他們失去許多機會。退休的牧師麥爾坎．貝恩（Malcolm Bane）觀察到：「**如果你要等到可以為所有人做所**

有事情，而不是先為某些人做某些事，那麼到最後你根本沒有為任何人做任何事情。」如果你想要與人連結，別等了，主動開始！

願意將能量拓展出去主動與人連結，不只對個人互動很重要，對團體與團隊也是同樣重要。英國阿比茲霍姆學院（Abbotsholme School）的一位教練賽門．赫伯特這樣表示：

> 我負責學校的橄欖球計畫，去年我試著將自己抽離一點——減少一點教練工作比重，由球員們多負擔一點。結果那個球季的後半時間，我都像在救火般忙著解決問題，但我不了解哪裡出了錯。最後，前往南非比賽的旅程中，我將問題歸因於我將自己抽離那些事物一點點，而我的能量已經不再是團隊背後的驅動力。
>
> 別誤會，我的球員和教練當中仍是有些很棒的領導者，但有位要好的顧問讓我知道，過去顯然是我對比賽和球員的熱情，點燃他們每個人心中的火焰，而我必須持續添加煤炭，讓這股火焰熊熊燃燒。

缺少了賽門的主動關懷，以及將他的能量投入團隊中的意願，這個團隊的表現就不如以往那樣成功。連結是需要主動的。

我在《與人共贏25法則》（*25 Ways to Win with People*）一書中，教導的技巧之一就是：「當第一個伸出援手的人」。這點非常簡單，但非常強大。我們在人生中某些很需要幫助的時刻，在確實得到幫忙後，會最念念不忘的人是誰呢？通常都是第一個伸出援手的人。你是否也是如此？我們通常會非常感激前來幫忙或接納我們的人。

對我而言是這樣沒錯。雷斯・史托伯（Les Stobbe）是第一個教我怎麼寫作的人，狄克・彼得森（Dick Peterson）是幫助我成立第一間公司的人，我的哥哥賴瑞則是第一個教導我進入商業領域的人，克特・坎米爾（Kurt Kampmeir）開啟了我個人成長的旅程，艾默・陶斯是第一個指導我讓教會成長的人，傑若德・布魯克斯（Gerald Brooks）是第一個捐款給我的非營利領導力培訓機構——美國事工裝備（EQUIP）的人，琳達・艾格斯一發現我的公司需要幫忙，便自願前來協助。

他們為了我做的這些事情，都是需要花精神心力的，而他們在我心中將永遠有個特殊的位置！我只和他們及少數幾個建立類似的連結。

有句猶太諺語說：「智者會馬上去做愚人最後才做的事。」我們太常等待那個「最佳時機」才主動與人接觸。以我的經驗來看，最佳時機永遠不會到來。

主動和某人開始對話，通常會感覺有點彆扭；對某個人提出願意幫忙的意願，表示冒著被拒絕的風險；為他人付出，可能會遭來誤解。在這些時刻裡，你不會感覺準備好了或很自在，你得學習穿過這些彆扭或不安全感。如同前第一夫人艾蓮娜・羅斯福（Eleanor Roosevelt）所說：「我們必須去做那些我們覺得自己做不到的事。」能與他人連結的人就是會勇往直前，主動去做我們其他人總是找不到機會做的事。

連結需要清晰明確——事先準備

連結，需要我們願意主動與人接觸，這通常代表當下便要採取行動，因此，連結時必須清楚知道我們自己在做什麼。這意味著要擁有清晰的思緒，而清晰思路多數時候都是準備的結果，應該預先針對以下三個主要領域進行準備。

了解你自己——個人的準備。三十多年前，當我努力參加個人成長計畫時，我把學習當作是幫助自己的方式。沒多久我就發現，幫助自己可以讓我更有能力幫助他人。這就是我總是告訴大家的，要為他人添加價值前，必須先提升自己價值的其中一個原因。你無法給予你沒有的東西，你沒有辦法說出自己不知道的事，也無法分享你沒有感覺的事物。沒有人能從空無中拿出東西給別人。

認識自己、讓自己成長，可以幫助你得到心智與情感上的明晰。你清楚了解自己知道與不知道什麼，能做與做不到什麼。你會變得對自己感到自在，對自己有信心。你可以與人連結，是因為你願意也能夠對人敞開心胸。高爾夫球教練暨作家哈維・佩尼克（Harvey Pinick），對於專業高爾夫球選手的觀察，也適用於生活中所有其他領域的人：「如果一個選手能為小事做足準備，那麼他就準備好迎接重大的挑戰了。」

了解你的聽眾——對象的準備。與人連結始於認識他們。你愈了解一般人，就愈能夠與人連結。而你愈了解試著連結的特定對象，效果就會愈好。如果你搞不清楚自己的聽眾，你所傳遞的訊息就會模糊不清。

多年以來，我都會針對參與的對象進行準備與調整我的言辭。比如說，當我舉辦領導人圓桌會議，討論他們事業領域中的重要事項時，我會盡可能了解與會的每一位成員。我愈了解他們，就愈能清楚地引導與幫助他們。我在準備這些會議時，會使用一份類似記者採訪時用的問題清單。我會問：

- 他們是誰？
- 他們在意什麼？
- 他們來自何處？
- 他們何時決定要參加的？
- 他們為什麼來這裡？
- 我有什麼可以提供給他們？
- 在會議結束時，他們希望有什麼感覺？

我可以毫無準備地隨時走進這樣的圓桌會議，隨機應變嗎？或許可以。但我能夠與那些人連結嗎？不行。我可以像我希望的那樣，為他們增添價值嗎？絕對不可能！回答這七個問題需要投入時間和精力，但是非常值得。只要我想要與人連結，我就會事先投注精力、做好準備。

領導者在組織中帶人時，會持續問自己這樣的問題。他們花許多時間與精力在問問題、蒐集資訊、並準備與人接觸。他們知道，如果**想要達到組織願景，就必須讓進入組織的每個人清楚目標**。這個責任是落在領導者的肩膀上，而不是那些來聽領導者要說什麼的人。

了解你的內容——專業的準備。做自己與了解他人，會讓你更能夠與人連結，然而，在你必須進行演說、教課或領導的情況下，還必須做好專業的準備。你必須知道自己要說什麼。我相信你一定聽過有些溝通者善於與人連結，卻對內容本質所知不多。聽完這種演說，你離開時會感覺非常良好，但幾分鐘、幾小時或幾天之後，你會發現自己根本沒有比參加活動前變得更好。

還有些時候，你會碰到某些人具有豐富的知識可以提供，但是他們無法有效溝通。在他們開始說話後不久，你就開始分心。等到他們說完，你會想：「感謝老天，終於結束了。」這兩種溝通都是無效的，唯有把這一切結合，效果才會強大。

連結需要耐心——放慢腳步

一位不習慣開手排車的年輕女性，在交通號誌轉為綠燈時，車子仍然停在路口動彈不得。每次她發動引擎，都會因過於緊張而太快放掉離合器，使得車子再度熄火。後方的那輛車其實大可繞過她，但那個駕駛人卻只是不停地按喇叭。

他愈按喇叭，她就愈尷尬生氣。當她再一次拚命發動車子還是失敗後，便下車走到後面那輛車旁。男駕駛人驚訝地搖下車窗。

她說：「這樣吧，你去移動我的車子，我坐在這裡替你按喇叭。」

我們生活在一個缺乏耐心的文化中，使用「得來速」窗口購買餐點、取乾洗衣物、完成銀行轉帳，甚至領取處方藥。我想，麗莎·索恩在我部落格上的評論，貼切形容多數人的狀態：「好消息是我動作很快，壞消息是我總是一個人行動。」每個人都很匆忙，使得大部分人無法有效與他人連結。如果你想要與人連結，就必須放慢下腳步。

我必須承認，缺乏耐心一直是我的弱點，我一直在努力調適這件事。職涯剛開始的那幾年，我總是想要盡快把事情處理完，好進行下一件事。如果有人不想按照我的速度前進，我會從那個人身邊呼嘯而過。但是，這種領導方式阻礙了我與他人連結的能力，我的人際關係也一直不太好。優點是我速度很快，缺點是我總是一個人行動。

依照別人的速度前進，是件令人疲憊的事。要跟隨一個移動速度比我們快的人，顯然極需要能量，但是如果必須按照慢於自己預期的速度行事，不也同樣累人？美國作家亨利·梭羅（Henry David Thoreau）寫過：「一個獨行俠可以隨時開始新的一天；但與人同行的人，必須等到另一個人準備好了才能開始。」我覺得等待是非常令人挫敗的事，完全是在挑戰我的耐性。然而，如果我想要與人連結，就必須願意放慢速度，配合另一個人的步調移動。**好的連結者並不總是跑得最快的那一個，但他們可以帶著其他人一同前進**。他們展現耐心，擱下自己的事情，先考慮到其他人。這些事情都需要能量，但這麼多年來我發現，**人生中具有價值的事物，都需要時間打造**。

連結需要無私——給予

生活中，一定有些人給予，有些人拿取，你喜歡待在哪一種人身邊呢？當然是給予者，人人皆是如此。當我們在雜貨店或其他公共場所，看到我們認識的「拿取者」時，都會盡量避免眼神接觸或趕快轉身避開，假裝沒看見他們。不過，當我們看見「給予者」時，會很高興看見他們，並且上前打招呼，人們很容易覺得自己與給予者之間有所連結。

當個給予者需要能量，而且並不容易，尤其是在有壓力的狀況下。勵志演說家楚迪・梅茲格（Trudy Metzger）克服了被虐的童年陰影，長大後變成一位給予者。然而，當她面對那段痛苦歲月中的某些人時，還是難以維持給予者的心態。如果她自我感覺脆弱時，防禦心會加重並試圖掌控整個情況。最近她理解到，當這種狀況發生時，她會從給予者變成拿取者。楚迪說：「雖然給予需要能量，但我必須說，在我變成一個拿取者時，才真的讓我枯竭，讓我內心『死亡』。當一個給予者能帶來生命，就像為植物澆水，讓它成長。但是當一個拿取者，就像吸乾土地裡的水分和營養，讓植物和土地全都耗竭無用。」

當一個給予者確實會耗費許多能量，但是避免與人互動亦然。艾德·希金斯在部落格上評論：「避免與人接觸會消耗我更多能量（我大部分時候都比較外向），而且感覺很悲慘。我後來發現，或許避開連結所需的能量，遠大於連結所需的能量。」

當一個給予者通常可以得到雙贏，能讓你充滿活力，也幫助到他人。而且做一位給予者能幫助你連結，無論是一對一、在團體中，或是面對一群聽眾。如果你專注於給予，就會發現建立連結容易多了。在我領導一個教會時，那幾年大部分週末的時間都要向會眾布道，有些員工和我會經常花時間簡報與討論服事進行的狀況。有一次在討論的議程中，我的朋友和同事丹·瑞藍說：「約翰，我覺得大家都很容易聽你的話。」

我回答：「你可以解釋這是什麼意思嗎？」我很尊敬丹，想聽聽他的觀點。

丹說：「我有更好的方式能讓你明白。」隔天早上，我桌上已經擺著他寫的分析報告。內容是這樣的：

> 我想了一下為什麼人們這麼容易聽你說話。我對這件事之所以特別好奇，是因為這個事實：就算人們已經知道你要說的內容是什麼，他們還是願意聽。而且，這絕對不只是一個好

的說故事者所帶來的娛樂價值。

我認為要歸因於這個溝通者主要是給予者而不是拿取者。人類的心靈會感知到給予的心靈，並因此獲得滋養。人的心靈其實會因為一個擁有給予精神的老師，而獲得重生。從人們已經聽你說過一樣的內容好幾次，卻依然覺得充實，就能證明這一點。你的教導本質上是種給予，而人們可以從給予者身上接收一整天都不覺得累；相反地，如果面對的是拿取者，他們很快就感到疲憊。

想想耶穌的教誨，其實有一半的時間，人們都不知道祂說的是什麼，但他們還是認真聆聽。耶穌是在給予，餵養他們，而不是從他們身上拿取。這是一種心靈的層面，他不只是在給予資訊而已。

我的想法是這樣的，如果溝通者是因為需求、不安全感、自我，或甚至責任而教導他人，他們就不是在給予。

有需求的人想要讚美，這得由聽眾給他們；沒有安全感的人想要認可與接受，這得由聽眾給他們；一個自我主義的人需要被吹捧，想比他人更加優越、更好一點點，這也是聽眾必須給他們的。就算是出於責任教導的人，也想要被認為是個忠誠的員工，讓人覺得他很負責任，這同樣是聽眾必須給予他們的。許多溝通者完全是出於前述拿取模式中的其中一項，卻毫不自知。

接著說到給予者，這種人教導是出於愛、恩典、感激、同情、熱情，以及滿溢的情感。這些全都是給予模式，溝通者心中懷有這些模式，聽眾就不需要給予任何東西，只要接受。那麼這種教導，就會變成一種禮物，讓人感到滿足與再生。

這就是你，這就是為什麼人們可以整天聽你說話。在我一直看著你及向你學習的過程中，發現你的教導有九九%的時間都是給予模式，只有非常少數的時候你會跳到自我模式，而在那罕見的時刻，我就不再覺得你在給予，你變成在拿取，表現出這種感覺：「我很特別，而且比你們都優越一點。」除了這種非常罕見的片刻，我可以聽你說話一整天。

我不覺得自己如丹所說是位好的連結者，但我確實總是努力專注於聽眾身上，盡我所能為他們添加價值。然而，丹說所有演說家不是給予者就是拿取者，這點他說的完全正確，而且這絕對是態度問題。他們的態度如果不是無私就是自私。如同荷西．曼奴爾．普荷爾．艾爾南達斯的評論，「我們把他人視為臺階或橋梁。若我們將他們視為臺階，就是利用他們提升自己；若將他們視為橋梁，就會進行連結。」

你在聽某個人演說時，問問自己：「這個人有給我一切——眼神、臉、身體、頭腦和個人特質嗎？還是這個人只是路過，而這個演說的機會只不過是沿途中的一站而已。」想要與人連結的人，必須給出自己的全部，而這都需要能量！

最近我和一位溝通者談話，他對於要一遍又一遍對不同聽眾講述同樣的內容，開始感到無聊。我提醒他，他的演講不是為了自己，而是為了讓別人受益。一個人要如何維持這樣的心態，並找到每次演說時給出自己全部的能量？

傑瑞．魏斯曼在其著作《簡報聖經》中提出很棒的建議，他說，講者必須維持「第一次的錯覺」，這個觀念是來自全世界的舞台劇演員。雖然他們可能演同樣的戲碼數十次、數百，甚至數千次了，聽眾還是必須看到跟第一次一樣有價值的演出。接著，魏斯曼還說了名列棒球名人堂球星喬．迪馬喬（Joe DiMaggio）的故事：

> 一名記者曾對這位「洋基快艇」說：「喬，你每次打球時，似乎都維持著同樣的熱情。即使是在八月最熱的日子裡，洋基隊在錦標賽中遙遙領先，而且沒有任何威脅的時候，你都會盡力追趕每一顆滾地球和高飛球。你是怎麼做到的？」
>
> 迪馬喬回答：「我總是提醒自己，觀眾席中可能有人從來沒有看過我比賽。」

這就是一個人為了與他人連結，必須維持的那種無私心態。這需要花費許多的精力，無論是一對一、在團體中，還是站在一大群聽眾面前，但它能帶來極大的效益。**連結總是從對他人的承諾開始。**

連結需要耐力——充電

與人溝通在生理、心理和情緒上，都可能造成非常大的消耗。作家暨諮商師安・古柏・瑞迪（Anne Cooper Ready）描述了向一群聽眾談話時，會出現的情緒：

公開演說是美國人票選恐懼事物的第一名，還超越第五名的死亡，和第七名的寂寞和體重。我猜這個排行意味著，比起在眾人面前看起來像個笨蛋，我們大部分人還比較不怕死。恐懼是領導最強大的動力，意思是你要站在眾人之上，其中就帶著被視為特別或與眾不同的恐懼、未知的恐懼、成為冒牌貨的恐懼、忘記本來想說的話的恐懼、在眾人面前落入危機的恐懼，還有獨自站在台上的恐懼。這些恐懼全部加起來，對我們大部分人來說，就是公開演講。

既然有著這一切的恐懼，那麼努力與人連結，怎麼可能會不是一件耗盡能量的事情呢？如果我們不留意，持續與人連結便可能會耗盡我們的能量，導致我們沒有再多的精力去做其他事。雖然我是個外向、「喜歡接觸人」的人，我依然需要許多私人時間，替我的情緒、心理、生理和精神方面進行充電，而我相信大部分的演說家和領導者都是如此。

洛林・伍爾夫（Lorin Woolfe）在《領導的聖經》（*The Bible on Leadership*）提到：「領導，需要幾乎是無窮盡的言語能量：講不完的電話、專注於你要傳達的訊息、重複同樣的箴言，直到你快受不了自己的聲音，還是要繼續重複地說，因為當你開始對這個訊息感覺無聊到快發瘋的時候，它可能也開始滲透進這個組織了。」

這些年來，我學會怎麼讓我的電池隨時保持充電狀態。如果你想要擁有足以與人連結的能量，那麼你也需要這麼做。

首先，要辨識與避免那些不必要消耗能量的事物，防堵能量的「漏洞處」。在我職涯初期，我花很多時間在諮商他人，每當我做這種事，回到家時就已經筋疲力盡。我記得自己當時很納悶：「為什麼我會這麼累？」畢竟我還年輕，而且對這份職業充滿熱情。我花了一段時間才搞清楚，光是坐下來聽人們講述他們的問題，就會耗盡我的能量。

對我來說，另一件耗費能量的事，就是安排一個案子的各種細節，這需要非常大量的能量，報酬率卻極為有限。於是，當我可以雇用熱衷於處理細節的人來協助時，我立刻這麼做了。我十分堅信，每個人以及我都應該做自己擅長的領域。**找出什麼活動會耗損你的能量，如果不是必須的，就避開那些活動**。

此外，你必須找出什麼樣的事情能替你充電，使你活力十足。每個人的狀況都不同，強森・泰留言說，散步能讓他精力充沛；卡珊卓・若區則喜歡待在海邊；而萊恩・施萊斯曼則是花時間與他的員工在辦公室以外的地方相處，他說：「身為外科醫師，有時候實在很難離開，為自己充電。我知道我充完電後，患者和我都會因此受益。我那完美的員工會為我們安排休息時間表，這是多麼棒的計畫。」我的充電方法是好好享受舒服的按摩、打場高爾夫球、改變步調，或是在每天例行的游泳時間禱告。而我最喜歡的就是什麼也不做，單純與瑪格麗特待在一起一整天。注意什麼事情能讓你充電，並且讓它成為你行程中的一部分。

如果你負責領導群眾或與人溝通，找到充電方法對你來說就特別重要。做法真的很簡單，你只需要知道自己喜歡做什麼事情，然後騰出做這些事的時間就可以了。如同小說家路易・奧欽克洛斯（Louis Auchincloss）所說：「**唯一能讓人不斷前進的，就是能量。而除了喜愛生命，還有什麼能帶來能量呢？**」如果你能挪出時間去做能讓你充滿活力的事，那麼你將永遠有儲備的能量，只要你想要與人連結，隨時可以拿出來使用。

想完成任何有價值的事，就必須學習管理與安排你的能量。表演者和運動員比大部分人都了解這一點，如果他們不這麼做，就無法得到他們渴望的結果。球賽實況轉播員喬・泰斯曼（Joe Theismann）還是NFL（國家美式足球聯盟）的球員時，就有真實的體會。一九八〇年代，他在連續兩屆超級盃比賽中，擔任華盛頓紅人隊（Washington Redskins）的四分衛。當他們隊伍在一九八三年第一次參加冠軍賽時，他的態度積極正向，而且能量值高到破表，他對於自己可以親臨盛會非常興奮，使出渾身解數，最後他們的球隊獲勝了。

第二次就完全不一樣了，他把很多事情視為理所當然，態度也沒有那麼好。泰斯曼說：「我抱怨天氣、鞋子、練習時間，一切的一切。」結果，他的表現差強人意，球隊也輸了。泰斯曼要為隊伍的輸贏負起全責嗎？不，但是身為四分衛，他是團隊的領袖，而且設定了球隊氛圍。據說，有時候他會同時戴著他的勝利戒指和失敗戒指，用來提醒自己必須做什麼才能成功。泰斯曼說：「這兩個戒指的不同之處就在於全力以赴，除了最好的表現外，其他都不接受。」

與他人連結就跟生命中的任何事情一樣，你必須帶著**明確的意念**去做。但這不是說你得很大聲或招搖表現。企業講師克藍西．克羅斯觀察到：「人們經常把能量和聲量或速度搞混。造詣很深的音樂家都知道，比起快速激烈，要唱出或演奏出緩慢輕柔的聲音（以及與聽眾連結），才需要更多能量。就連我們和他人坐在一起聆聽他們，也需要能量，我們沒有能量聽他說話時，對方會察覺出來的。你無法假裝有能量，也無法假裝有連結。」

想要連結，你必須全力以赴，給出最好的自己，否則你沒辦法成功。這的確需要能量，無論你是主持會議、和朋友喝杯咖啡、對一大群聽眾演說，還是和伴侶享受浪漫時光。可是，我想不出其他消耗能量更好的方式了。

連結原則：連結永遠需要能量。

關鍵概念：團體愈大，連結需要的能量就愈多。

∞一對一連結

很多人在進行一對一連結時會有點懶散。他們理所當然認為別人要聽他們說話，但這其實是在傷害其他人，尤其是與你很親近的人，像是你的朋友和家人。請避免掉進這個陷阱。下次你試著與某人一對一連結時，心態和情緒上都要準備妥當，如同你要和一群聽眾連結時一樣。如果你帶著有心做好的意念去進行對話，就能讓他人更容易與你連結。

如果你正在找方法增加一對一溝通的能量，那麼可以參考瑪格麗特和我多年來一直對彼此所用的方式：

- 把一整天發生在你身上的重要事件，寫在一張紙上。
- 對於這些重要事件，在你告訴特定對象前，不要告訴任何人。
- 每天花一點時間與對方分享紙條上的事件，這需要意念與能量。

∞在團體中連結

當你與團隊或在會議中溝通時，會議室裡的能量可能會有大幅起落的差異。有時候，在過程之中團隊會帶來很多能量，並延續一整天；而有的時候，身為領導者或溝通者，你會需要管理或產生能量。

下次當你要和團隊溝通，不要讓自己變得自我感覺良好。把能量帶到過程之中，然後繼續引導能量進入——即使房間裡的能量很好也一樣。不要只是順著能量前進，如果你持續有意念地保持高能量，每個人就能感受到更好的體驗。此外，如果你能為維持能量值負起責任，將得到大家的尊重。

每一年，我都會舉辦幾次領導力圓桌會議，會有十五至三十位執行長階層的領導人參加。以下是我一定會遵循的方針：

- 在會議開始之前，我會個別和每位成員作自我介紹。
- 我會詢問每個人一個問題，以找出這位成員的獨特之處。
- 在會議開始時，我會先把會議主導權交給他們，讓他們問我問題，而我會盡己所能去滿足他們。
- 如果有人遲疑著沒有參與討論，我會告訴其他與會成員這個人的特別之處，以及和討論主題的相關性，藉此邀請他們參與對話。

◆我會藉由詢問大家，我可以怎麼幫助他們更加成功，最後一同結束會議。

∞與聽眾連結

沒有一個聽眾來參加活動時，會預期將自己的能量提供給演講者。來參加表演、研討會、活動的人，都是期待要接收，而不是給予。如果你是演講者，就必須時時謹記這點。群眾人數愈多，你必須提供的能量就愈多。

思考一下，當你對一群聽眾講話時，有哪些方法可以幫助你提升能量。例如：因事前準備而產生的自信，會帶來能量。來自於信念的熱情，會帶來能量。因信任他人而產生的積極正向，會帶來能量。你將愈多能量帶到過程之中，你就愈能妥善地將能量傳達給聽眾，也就愈有機會與他們連結。

05

比起天賦，連結更重技巧！你得這樣做

在本章後半，我要做一點不一樣的事。我會把幾頁的內容交給從一九九四年起擔任我撰稿人的查理．衛賽爾，這樣一來，他就可以從他的觀點，告訴你一些關於溝通的事。

查理是一位敏銳的觀察者、深思熟慮的思考家，以及長期學習領導力和溝通的學生。他和我其他同事一樣對我非常熟悉，看過我在各種場合中如何進行溝通。

我想你會覺得他未經過濾的觀點相當有趣，同時他會解釋我們如何以書寫的形式進行連結。但首先，我想要告訴你一些關於我心目中最佳溝通者的事。

名人、作家及政治家，一定懂連結？

連結是一件每個人都可以學會的事，但是你必須學習溝通才能有所精進。我學習溝通已經四十年了，每當我聽人說話時，我不只是聽他們說的內容，也會注意他們身為溝通者的風格和技巧。有時候，我會參加一些以溝通者為號召的活動，因為我喜歡聽他們演講，從他們身上學習。

幾年前，我去加州聖荷西（San Jose）參加一個研討會，他們邀請了十位知名人士。這十位公眾人物齊聚一堂，是非常分歧又有趣的組合，我非常期待見到與聽到他們每一位的演說。我想要看看哪一位講者會與現場聽眾連結，達到有效的溝通。

我準備好開始聆聽時，就先在我的筆記上畫出兩個欄位，標註「連結者」與「非連結者」。到了那天尾聲，我在連結者欄位中寫下六個名字，非連結者那邊則有四位。我不會告訴你那些非連結者的名字（我很確定你認得他們每一位），不過，我會描述他們的溝通方式：

第一號非連結者：這位政治人物從頭到尾都用單一音調講話，他持續不斷地說著，聲音卻絲毫沒有一點熱情或信念。他說話的樣子，彷彿我們都不在那裡，而我們也不確定「他本人」是否有在現場！

第二號非連結者：另一位政治人物還算和藹可親，他表現出一種爺爺角色的特質，講了將近五十分鐘的話，卻什麼也沒說。

第三號非連結者：來自華盛頓的記者，對聽眾說話時，擺出一副高高在上的樣子。很明顯地，她覺得自己優於我們所有人，她令我覺得自己很渺小。她所說的每件事都傳達出一個明確的訊息：我知道某些你們不知道的事。

第四號非連結者：這位講者是位商業書作家，而且說真的，我原本最期待的就是聽他演說。然而，我卻因他那憤怒的舉止感到驚訝又失望。他的肢體語言、臉部表情，以及用字都展現出負面態度，我連五分鐘都不想跟這個人一對一相處。在他的演講中，也沒有提供任何實際效益的內容。

這四位演講者都失去了聽眾，有些幾乎是一上台就失去聽眾的關注，有些花的時間較久。但在這幾個案例中，你都可以看出來，當他們演說結束時，聽眾都鬆了一口氣。但是當好的演講者——那六位連結者，一上台演說時，你也可以感覺到室內又燃起了希望。以下是當天成功與聽眾連結的人：

馬克．羅素（Mark Russell）：另類的華盛頓觀察家，他在華盛頓特區表演喜劇超過二十年。馬克令我們大笑，但同時讓我們開始思考。在他演說的過程中，我敢說他一定問了將近一百個問題，每個人都非常投入。

馬力歐．庫默（Mario Cuomo）：前紐約州州長，也是當天最有熱情的演講者。他的電力十足，我能「感覺到」他的感覺。他讓在場每個人都深受感動，而當他講完時，全體聽眾起立鼓掌喝采。

C.艾佛列特．庫普（C. Everett Koop）：我得承認，這位前美國公共衛生署署長溝通表現竟如此出色，令我相當驚訝。他是個擅長運用實例的大師，會先提出具有邏輯的陳述，然後用很棒的故事去補充及佐證。感覺就像他用言語把圖釘釘在每個要點上，在他結束演講後，我光憑記憶就能重述他說的七個要點。

伊莉莎白．多爾（Elizabeth Dole）：這位前美國參議員和紅十字會主席，讓每位聽眾都覺得自己是她最好的朋友。她擁有一種輕鬆的自信，讓我們很高興自己能在場。

史帝夫．富比世（Steve Forbes）：那天我見到的所有溝通者中，我從他的身上學到最多。這位《富比世》雜誌總編輯，聰明又見聞廣博，他所說的一切聽起來都像新鮮事。

科林．鮑爾（Colin Powell）：當這位前美國陸軍將軍暨國務卿演說時，他讓空間裡的每個人都覺得自在，給人一種安全感。他的聲音和舉止充滿了自信，而當他說話時，也讓我們對自己感到自信。更重要的是，他給了我們希望。

這裡列出的幾位傑出講者，每一位的差異都非常大。他們各自有不同的背景，採用不同的說話方式，擁有不同的價值觀，講述不同的主題，而且都有不同的天分和技能長處。他們其實只有一項共同點：都是非常傑出的連結者。這是所有厲害的溝通者和偉大的領導者都有的特色，而連結是一項透過學習就能得到的技能！

溝通已完成？不，這是你最大的錯覺

傑出的溝通者不見得都有相似之處，但同樣的是他們擁有連結能力，而這可不是偶然發展出來的。

獲得成功你不能只想靠運氣，就像下文故事中西部拓荒篷車隊的領袖一樣。當車隊守望者看見遠處有團塵土朝著他們而來時，他們知道麻煩上門了。果不其然，一群美國原住民勇士朝他們迎面衝來，車隊領袖指揮篷車在小山丘後方圍成一個圓圈。

當拓荒者的領袖看見勇士首領的高大身影時，他決定面對那個首領，試圖使用手語和他溝通。沒多久，那位首領就轉身離去，回到他的群眾之中。

「發生了什麼事？」拓荒者紛紛詢問他們的領袖。

「噢，你們大概也看到了，我們語言不通，所以使用手語。我在沙地上用手指畫了一個圓，表示我們在這塊土地上都是一體的。他看了那個圓圈後，畫了一條直線穿過圓圈。當然，他的意思就是，有兩個族群——我們和他們。但我用手指向天空，表示我們在神之下都是一家人。然後，他將手伸進袋裡拿出了一顆洋蔥遞給我。我出於本能地明白，這代表理解有好幾種層次，每個人的理解程度都不同。為了告訴他我已經明白他的意思，於是我吃了洋蔥。然後我再把手伸進外套口袋，拿出雞蛋送給他，表示我們的善意。但是他太驕傲了，不願接受我的禮物，就這麼轉身走開。」

與此同時，原住民勇士們都已做好攻擊的準備，等待著首領的指示，但這位老戰士舉起了手，重述他剛才的經驗。

「當我們面對面時，立刻知道彼此說的不是同樣的語言。於是，那個人在沙地上花了一個圈，我知道他的意思是我們被包圍了。我畫了一條線穿過他的圓圈，告訴他我們會把他們砍成兩半。接著，他舉起手指朝向天空，表示他一個人可以解決我們全部。然後我給了他一顆洋蔥，告訴他，他很快就會嘗到失敗與死亡的苦澀眼淚，但他竟然捍衛地吃了洋蔥！最後，他拿了顆蛋給我看，告訴我我們的處境是多麼脆弱。在這附近必定還有其他人，我們得離開這裡。」

拉爾斯．雷針對這個無法順暢溝通的故事，留言回應：「當時，我在墨西哥城準備替公司完成一個為期兩年的任務。」他只會一點點西班牙文，雖然與他共事的許多人英文都不錯，但還是有些問題。

他寫道：「一直以來，因為對字彙和意義的理解程度不同，經常會有混淆、誤解和嚴重的溝通災難，就像你故事裡說的那樣……這也是我在這裡的經驗……我真的從他們身上學到了好多！」牧師和社運人士傑西．吉格力歐說的一點也沒錯：「溝通最大的問題，就是以為溝通已完成的錯覺。」

你得做什麼，人們才會全心傾聽？

如果你想當一個更好的溝通者或領導人，你可不能依靠運氣，必須學習如何將你具備的技能和經驗發揮出最大功效，藉此與人連結。

當我在聽傑出溝通者說話時，我發現他們會運用某些要素，來吸引人們聽他說話。在你讀到以下要素時，想一想你可以使用其中哪些方法來與他人連結。

人際關係——你認識誰

費爾·麥格羅（Phil McGraw）博士是一位心理學家，他以陪審團諮詢顧問身分幫助過許多律師。為什麼數百萬人會開始關注他，並且聽取他對人生、愛情和人際關係的建議？理由就跟數百萬觀眾開始聽從梅默特·奧茲（Mehmet Oz）醫師對健康議題的看法一樣，這兩個人都認識歐普拉（Oprah Winfrey），而且曾出現在她的節目中。

當然這兩位都有專業資歷，麥格羅擁有心理學博士，而奧茲則是位胸腔外科醫師，也是哥倫比亞大學的教授。但是大多數人不知道、也不在乎這些事實。當喜歡歐普拉的觀眾發現她對這兩個人有信心時，他們也對這兩個人產生了信心。

要贏得一個人、一個團體，或一群聽眾的信賴，最快的一個方法，就是借用已經獲得他們信任的人的信用。這是銷售推薦和口耳相傳廣告方法的基礎。你認識「誰」，可以為你開啟與人連結的大門。當然，大門開啟後，你還是得傳遞訊息！

真知灼見——你知道什麼

多數人都想要改善自己的生活，因此當他們發現有人可以傳遞出有價值的內容時，通常會認真傾聽。如果學到的內容真的有所幫助，你通常可以很快建立起與他們之間的連結感。

在美國歷史上我最欣賞的人物之一，就是班傑明・富蘭克林（Benjamin Franklin）。他有非凡的職業生涯，而且是美國開國元勛之一，對國家成功功不可沒。富蘭克林受的正式教育並不多——只上過兩年學校，卻因為豐富的知識和精闢洞見而受到大眾尊敬。他是個求知若渴的閱讀者且凡事好奇，於是成為許多領域中的專家，包括印刷與出版、政治、公民活動、科學與外交。他是個創新的發明家、在美國獨立戰爭期間爭取到法國的支持、建立美國第一座公共圖書館、擔任美國哲學會（American Philosophical Society）的第一任主席，並參與起草《獨立宣言》。傳記作家華特・艾薩克森（Walter Isaacson），稱呼他為「該年代中最有成就的美國人」。他具有高度影響力，當他在分享自己的智慧時，那個年代的人們都感覺自己與他有所連結。

如果你在某個領域具有專長，並慷慨與人分享，那麼你就給予人們尊重你，以及與你建立連結的理由。

成功——你完成過什麼

很多人問我，當初是如何在當地教會以外的地方，展開演講者生涯。他們想要知道我的行銷策略，以及我怎麼突破市場的。事實上，我根本沒有打算要成為那樣的演講者。人們注意到我領導該教會並促進其成長的成功經驗，於是開始邀請我去講這個主題。他們是因為我完成的事，而想要聽我會說什麼。

美國有崇尚成功的文化，人們想要成功，所以會找出已經在某方面有所成就的人，並尋求他們的建議。如果你在某個領域中很成功，就會有人想要聽你說話。很多人認為，如果一個人可以在某個領域中成功，這個人所擁有的知識，在他們努力的過程中就可能具有參考價值。而且，若對方成功的領域和他們的領域相同時，那麼連結的可能性就會更大。

能力——你可以做什麼

在專業領域中取得高度成就的人，通常能立即取得他人的信賴。大家欣賞他們，想要跟他們一樣，而且覺得自己會與他們有所連結。當他們說話時，其他人會聆聽，即使他們給的建議跟該領域的專業技能一點關係也沒有。

想想麥可．喬丹（Michael Jordan），他代言所賺的錢比打籃球時賺的還要多。這是因為他對代言產品有專業知識嗎？不是，而是因為他在籃球方面的能力。同樣的狀況也發生在奧運游泳選手麥可・菲爾普斯（Michael Phelps）身上，人們聽他說話，是因為他在泳池中的表現傑出。當一個演員告訴我們應該開某種車子時，我們不是因為他對引擎有專業知識而聆聽，而是因為我們欣賞他的表演天賦。這就是絕佳的連結。如果你具備某個領域的高超能力，其他人會因此想要與你建立連結。

犧牲——你怎麼挺過來的

德蕾莎修女得到全世界各地領袖的尊敬且傾聽。無論是何種信仰，人們似乎都很崇拜她，這是為什麼呢？為什麼他們會聽一位貧窮又瘦小、住在印度貧民窟的學校教師所說的話呢？就是因為她走過那般痛苦犧牲的生活。

我認為，我們的心會自然地傾向那些犧牲或受苦的人。想想九一一事件世貿大樓遭受攻擊時，在紐約市服務的那些消防員，民眾對他們產生的同情與連結感。想想那些在伊拉克和阿富汗殉職的軍隊人員，人們有多麼尊重他們的家屬。再想想那些協助美國第一位非裔總統歐巴馬（Barack Obama）當選的民權領袖們，他們的話語分量有多重。

如果你曾經做過犧牲、在災難中受苦，或克服過障礙，許多人都會和你產生共鳴。而如果你生活在困境中，還能一直保持著積極且謙卑的態度，他人就會欣佩你，能夠與你連結。

以上五大連結因素只是個開始，我相信你可以想到讓人們與你連結的其他因素。重點是——你必須運用目前所擁有的來與他人連結。你擁有的因素愈多，能將它們運用得愈好，你與人連結的機會也就愈大。

為了與人連結，你得發揮你的強項，發展出自己的風格，培養你能發展的任何技能。

從領導大師身上學——連結藝術

文／查理・衛賽爾

人們最常問我的一個問題是：「約翰實際上是怎樣的一個人？」我很高興我能告訴你，我這十五年來私下觀察到的約翰・麥斯威爾，就跟所有人在觀眾席上看到的他一樣。我看過數百種場合中的他——站在舞台上對數千人演講、在教會中講道、對十幾個人講授領導力課程、參加會議、交易協商、與家人相處、旅行的過程，還有單純玩樂的時光。我可以告訴你，他真的身體力行自己教導的一切，而且他總是與人連結。

我要坦白跟你說，第一次看見約翰在他的教會布道時，我對他充滿懷疑。他布道時看起來就是太過嫻熟華麗。他走上講台時，打扮得乾淨整齊，西裝筆挺，態度輕鬆又帶著微笑。他身上有種從容的自信，好像他正在和認識多年的老友說話。現在回想起來，我想他的確是在和老朋友說話。

那種經驗，並不是我一直以來習慣的狀況。我自小參加的教會大概只有三十五人，但在約翰的教會中，禮堂裡有一千人參加服事。我習慣一個八人的合唱團，用一台音效很差的管風琴伴奏，但在他教會中的音樂則具有專業水準。我兒時的牧師是位嚴格、內向的工程師，後來才轉行成為牧師。約翰是個溝通者，已經不斷精進他的演說技巧整整二十五年了。

這樣說吧，我必須調整我最初的期待。幸好，才花了幾個星期的時間，我就知道約翰是個真誠的人，不是個騙子。我也很快了解到，他每個星期教導的內容是在幫助我，真的改變了我的人生。

我必須承認，現在我對約翰的觀點不全然是客觀的，我在很多事情上都很感激他，然而，我希望我的觀察仍是真實正確的。除了他的家人以外，沒有多少人能比我更加了解他。因為我天生就是個觀察者——就跟所有寫文章的人一樣——所以，我認為我可以辨識出是什麼理由，讓約翰在一群聽眾面前、一對一溝通，甚至在寫作時，都能成為稱職的溝通者。以下就是我能告訴你們的。

傑出溝通者，與聽眾連結的五種特質

我和約翰一起工作的前五年，還只是個想學好溝通的學生，花了很多時間待在聽眾席中研究他的溝通方式。

在成為撰稿人之前，我是個老師，而且覺得自己是個滿好的老師。我的強項就是以簡單、快速且實際的方式，傳遞複雜的資訊。但是我沒辦法像約翰那樣，讓聽眾對我著迷。面對一般學生，我通常要講了好幾週的課之後，才會開始與他們產生連結。我觀察約翰是因為我想學習，我也接觸過其他厲害的溝通者，並且從他們身上學到不少。我發現，約翰跟所有我非常崇敬的溝通者一樣，擁有以下五種特質。

他有高度自信。我還沒見過哪個傑出溝通者是沒有自信的。就像我剛才提過的，一開始我覺得約翰的自信讓人有點不舒服，因為他演說的環境太好了，但那其實是我個人的心理包袱。事實是，你很難和一個不安的講者連結，也很難投入他講述的內容。他們對自己的懷疑，會讓你懷疑他們，這很容易讓人分心。身為聽眾，你很難輕鬆自在地融入環境，因為他們對自己的疑慮，會讓你產生疑問，質疑他們的可信度。

無論有意識還是無意識，你都不斷在問自己：「他說的是真的嗎？」當講者沒有信心地說著某件事情時，我們就會一直有所懷疑。

如果你想要當個好的溝通者，與聽眾連結，就必須做一些事情獲取信心。這可能很困難，像是處理過往歲月中與你有關的私人事件；也可能很簡單，例如演說時穿上正確的服裝；也可能是平凡又乏味的事，像是多演講幾次，累積更多面對聽眾的經驗。不管你需要做的是什麼，都開始執行吧，因為——**傑出的溝通者擁有高度自信**。

他很真實。在剛開始聽他演說的幾個星期後，約翰就贏得我的信任，原因就是他的真實性。他不會假裝自己是其他的樣子，他就跟所有人一樣，有自己的缺點，也有自己的優點，但是兩者他都願意承認。

隨著私下愈來愈認識他，我可以告訴你，約翰不相信關於他自己的報導。當有人告訴他，他幫助到他們時，他會很開心，但那是發自感恩的心，以及達成任務的成就感。有一次我在《早安美國》（*Good Morning America*）節目中，聽到歌手喬治．麥可（George Michael）接受克里斯．庫默（Chris Cuomo）的訪談，提到名聲這件事。麥可說：「你要了解，我是不吃這一套的，那很危險。」這個說法也描述了約翰的態度。

研究溝通者的危險之一就是，掉入試著模仿他們的陷阱，這是個天大的錯誤。一開始，我試著在演說時表現得像約翰，但那樣做的效果只有讓我恐懼、更加失去信心。我持續演說了好幾年，才找回我的聲音和節奏。我無法像約翰一樣，我沒有辦法「令人印象深刻」。他的特質可以充滿整個房間，無論是在客廳還是演講廳，但我不行。

相對地，我的目標是用自己的聲音真誠地說話。**想要與人連結，就忠於自己，表現最好的你**。這是每個人都能夠學會的事。

他做好充分的準備。我從沒見過約翰在未經準備的狀況下，就對聽眾演說。他已經說過一些事前準備的方法，像是他會了解主辦單位想要什麼和認識他的聽眾，所以我接著要告訴你一些他所做的事。

約翰是個細心謹慎、勤做筆記的人。以他的經驗和個人特質，他大可輕鬆應對、即興發言，但是他從不這樣做。他一定會預先準備，寫出每項要點，包括大綱裡面的每句名言和故事。因為他大量閱讀，而且持續蒐集名言和故事，所以總是有許多素材可以運用在他書寫的內容裡。（你可以說他總是在準備，因為他一直都在學習與研究。）

他會用四色原子筆，親手寫下大綱，然後在旁邊備註一、兩個字，加上星號，提醒自己這裡要補充什麼樣的故事。

不只如此，就算其他人沒有預期他會準備時，約翰依然會做好準備。每次出差，他都會隨身攜帶十幾張手卡，每張卡片上都有一個演講大綱，讓他在發生突發狀況時，可以立即侃侃而談。

幾年前，我們在做新書巡迴發表會時，其中某一站他正準備要演說時，發現現場某個讀者在一年前聽過他演說，並提到他有多麼喜歡約翰的演講。而那一次演講的主題，就跟約翰當時要在新書發表會上講的主題非常相似。約翰馬上拿出其中一張手卡，立刻開始發表一個完全不一樣的題目。除了約翰、我和同行夥伴外，沒有任何人知道這件事，因為約翰的反應絲毫沒有遲疑。

他很有幽默感。無論在台上或台下，約翰都是個有趣的人。他喜歡好笑話，他思緒敏捷、反應機靈，而且他很會自嘲。當他在尋找蒐集的材料時，幽默就是他搜尋的重點之一。有時候令我驚訝的是，約翰可以講出非常過時的內容，全世界沒有任何人是說了不會被罵的。你想知道他怎麼辦到的嗎？那是因為他真心覺得那很有趣。相信我，沒有人比約翰更喜愛快樂時光了。

很少有溝通者是可以在沒有幽默感的狀況下與人連結的，我相信一定有這種人，但說實話的我想不出有誰。關鍵是要使用你真的覺得有趣的內容，不要勉強。

他專注於其他人。約翰已經寫了一整個章節，強調連結是關於別人，而不是自己。如果你曾聽過他的演說就會知道，從他抵達會場的那一刻起，他就在想著即將聽他演說的聽眾。如果可以，他會事先與人們見面打招呼。開始演講時，他會積極提起主辦者，或是談論聽眾席中某個他認識或見過的人。結束之後，他會到處跟人打招呼、握手和簽書。

在我著手撰寫這個單元前，聯絡了一些人，詢問他們的意見，看約翰是怎麼和他們連結的。其中一位是馬帝．葛蘭德（Marty Grunder，專業演說家），他回想與約翰相處的經驗，說明了約翰是怎麼做到的。馬帝說：

> 五年前，約翰會知道我，是因為我寄了一本我寫的書給他（順道一提，他因此寄了一張

手寫的感謝紙條給我）。當他準備要到俄亥俄州代頓市演說時，他請助理琳達．艾格斯打電話給我，並邀請我參加。在演說過程中，他當眾叫出我的名字，並當著數千名我家鄉群眾的面前讚揚我。在那數千名聽眾中，我認識其中一些人，不用說，他們都因為我認識約翰而非常驚訝。午餐時，他還邀請我坐在他旁邊，跟我說話，直視我的雙眼，彷彿整個房間只有我一人。你可以想像我是什麼感覺吧！

這種專注於別人的做法，是約翰個性的一大特點。他有種神奇的能力，可以創造特別的時刻，讓人備感榮耀。而且他不是即興發揮的，我看過他在一年前就開始計畫某件特別的活動，他會花好幾個月研究什麼事能讓某個人擁有一段特別的時光。我看過他榮耀比爾．布萊特（Bill Bright，學園傳道會的創始人）、葛培理牧師（Billy Graham）、艾默．陶斯、奧瓦爾．布徹牧師（Orval Butcher）、他的父親……等人。他總是能掌握最佳時機，對當下也有不可思議的感知能力。

我也曾經是這種特殊時刻中的主角。每個月，約翰都會為員工上一個小時的領導力課程，課程內容會錄下來，接著寄給超過一萬名的訂閱者。

我永遠不會忘記那一天，約翰正在教授一堂名為「尋找老鷹」的課，內容是關於尋找潛在領導者時，要看哪些特質。當時我才替他工作幾個月而已。課程快要結束時，他說：「我想要告訴你們一隻才剛過來和我一起工作的老鷹。」接著，他說了許多讚美我的話。並講了一個故事，有關於我出於直覺為他做的某件事。

這聽起來好像沒什麼大不了，但那是我第一次因為工作而被公開表揚，當時我太太就在現場！約翰公司的總裁和全體員工也都在，全美數千人都聽到他在誇獎我，令我感動到流淚。即使已經過了十幾年，直至今日，當我想起這件事還是會眼眶泛淚。那是毫無預期的事情，他根本不需要那麼做，而且他是發自真心這麼說的。從此之後，我就感覺自己與約翰有了連結。他是真的關心人，而且會用自己的方式表現出來。

一對一連結，真心關注他人

這些年來，我見過許多演說家和名人。有些人在台上時能輕易表現出迷人、有趣、吸引人的特質，但是一下台，就很難與他人打交道。約翰不是這樣的人，在我看來，比起面對一大群聽眾，其實他與人一對一相處得更好，他是真的了解人們，想要幫助他們。更有甚者，我認為他在舞台上的長處，就是來自於這些特質。

作曲家暨歌手卡洛金（Carole King）說：「一切都是連結。我想與人們連結，我希望他們會想：『對，我的感覺就是這樣。』如果我做到了，這就是一項成就。」約翰無論在舞台上、團體中，或是一對一時，都做到了。

關於我個人與約翰互動的經驗，實在很難決定要告訴你哪些事。我可以描述第一次跟他出差時，他替我升級到頭等艙；以及我們在吃早餐聊天時，他替我弄了一個貝果——這不是什麼大事，但以一個執行長的身分，要為新員工這樣做是非常罕見的。或者我可以告訴你，有一次他想要讓我去參加一場關於寫作的研討會，但如果參加了，我就會錯過我的一週年結婚紀念日，他的解決方法是出錢讓我太太跟我一同參加。或者我還可以讓你知道，在我母親過世後，他是第一個打電話給我，關心我狀況如何的人。

約翰身邊每個人都可以告訴你類似的故事，我只能說，他總是讓我覺得自己是他的朋友，而不是員工。如果你讀過他的書《與人共贏25法則》，我可以向你保證，書中提到的所有事情他的確身體力行。那本書教導的是一對一與人連結，而約翰每天都在實踐。

但那些故事並不能確實幫助到你，所以我要告訴你的，是一件約翰總是在做、而且幫助他與人連結的事，你可以輕易地學起來，我稱它為「刻意包含」。他會讓人們覺得倍受歡迎與被需要，他會邀請人們參與他們原本沒機會嘗試的體驗。當約翰參加會議時，他不只是列入需要參加這個會議的人，還會邀請可以從這個經驗中學習成長的人共同參與。當他購買運動賽事的套票或表演門票時，他總是會買足夠的數量，好讓他可以帶其他人一起前往。他會互相介紹人們、讓他們彼此認識，雙方又能因此建立連結。例如，美國Auntie Anne's蝴蝶餅的創辦人安．貝樂（Anne Beiler）一直想要認識福來雞（Chick-fil-A）連鎖速食餐廳的創辦人楚魯特．凱西（Truett Cathy），於是約翰邀請兩人一同到他家裡用餐。

約翰不斷在尋找為他人增添價值的機會，而且為了周遭的人們，他努力讓一切變得有趣。有一次我跟約翰一起出差，而有機會乘坐豪華禮車，更意想不到的是還有警察護送我們到機場。約翰享受到人生中最難得的時光，你知道他做什麼嗎？他拿出手機，打電話給沒辦法跟我們同行的助理琳達，立刻把當下發生的一切全都告訴她，讓琳達也能和我們共享那個時刻。

就算你沒什麼也沒做，只是刻意地將其他人納入你最棒的經驗和最喜愛的事物中，你還是能一夕之間成為更好的連結者。

有如親見的文字連結

在聽過數百位演講者和作家的演說後，我得到一個結論：在溝通的世界中有兩種人，有會寫作的演說家和演說的作家。到目前為止，我還沒見過能把兩件事都做到最頂尖的人。

你可能會問：「那約翰是哪一種？」在我看來，他是個寫作的演說家。首先最重要的是，約翰在聽眾面前閃閃發光。他能與人連結，是因為他確實知道每個人在想什麼，他也知道如何用得體的語調說出正確的內容，讓聽眾感到自在、讓他們發笑，或是感動每個人。但他不像某些講者，只能讓聽眾享受當下美好的時刻，約翰還能傳遞很棒的想法。事實上，當人們認識我，發現我替約翰寫稿時，他們通常都會說類似的話：「什麼？你是說約翰把你的想法掛上他的名字嗎？」

「不是，」我解釋道：「約翰才是有想法的人，他花一輩子的時間也沒辦法分享完所有的想法。因此，我只是將他的想法化成文字，讓人們藉由文字的形式閱讀。」這跟與聽眾互動是不一樣的技能。

就像大部分優秀的溝通者一樣，約翰透過抑揚頓挫、臉部表情、掌握時機和肢體語言，傳達出極大量有意義的內容，這對舞台上的他來說是很自然的事。而許多演講者很難以文字形式達到相同程度的溝通，約翰可以寫作，但他仍是更優秀的演說家。

所以，他怎麼透過文字進行連結呢？

我要告訴你一個小祕密，是我從未聽其他作者透露過的。當我在幫約翰撰寫書稿時，我不會試著把他說的話照本宣科地完全抄錄下來。事實上，我可以看出哪本書是完全依照講者的講稿寫出來的，這種書平淡無趣，而且發揮不了作用。為什麼呢？

因為，它們失去一個傑出溝通者傳遞出的所有非語言訊息。因此，我的做法是擷取約翰的想法，試著讓讀者產生當約翰親自傳遞訊息時，他們會有的相同反應。我試著讓讀者在閱讀時，能有如親眼看到約翰時會有的感覺。換句話說，我的目標是要確定他的想法能與讀者產生連結。

我的成功，來自於我曾經很糟糕

我希望上述查理的觀察能對你有所幫助。坦白說，要把這些內容納入書中，我擔心的一點是，感覺有點在自吹自擂，我希望不會有這樣的印象。不過，為了讓大家有恰當的認識，我想告訴你一個故事，幫助你了解剛開始我是個多麼糟糕的溝通者。我想，這樣的例子可以帶給所有人希望。

我還在大學讀書、準備當牧師時，通常會有小型教會邀請校內未來的潛在牧師到他們的聚會中演說。就在我第一次參加這樣的場合傳教前一週，我先陪同朋友唐（Don）一起去教會，以便我聆聽他的第一次嘗試。

在會眾面前，唐起身並開始演說，但是才過了三分鐘，他就後繼無力，已經無話可說。結結巴巴一會兒之後，就很快坐下來了。每個人都很震驚。

開車回學校的路途中，我不斷告訴自己：「我的布道必須超過三分鐘。」那個星期的每分每秒，我都在準備第一次的演講。準備時，我不斷地在綱要中加入觀點，到了星期天，我已經有九大要點了。我完全沒有想到要與我的聽眾連結，我只有一個目標：要講超過三分鐘。

那時瑪格麗特與我已經訂婚，為了我職業生涯中重要的第一步，她陪我一同前往那個小教會。在我說完布道內容後，我感到開心且心滿意足。我認為自己表現得相當好。

在開車回小鎮的路上，瑪格麗特異常地安靜。最後我問她：「我今天早上表現得怎麼樣？」

她遲疑了一會後回答：「以第一次來說，我覺得你表現得還不錯。」她聽起來似乎不太興奮，但我還是受到了鼓舞。

「我說了多久？」

她停頓了許久後，才回答：「五十五分鐘。」

我完全不知道！你可以想像當他們離開時，心裡是怎麼想的嗎？我不知道自己講的內容是那麼冗長無聊，而且他們都知道我不知道，但他們又能怎麼樣呢？他們很有禮貌所以沒有起身離開，就這樣被一個毫無經驗、不知道怎麼溝通的演講者俘虜了那麼久。他們大概寧願來的是三分鐘的唐吧。

哲學家詩人愛默生說：「**所有偉大的演說家，一開始都是糟糕的講者。**」這句話完全適用在我身上。一開始我很差，真的很糟糕，花了好幾年練習才改善我的演說。我能進步，是因為我發現所有好的溝通者都有個共同點：他們會連結。

我不知道作為一個溝通者，你的目標或你的潛能是什麼，我也不知道你有什麼夢想。但是我可以告訴你，如果你能成為一個有效的溝通者，會更有可能達成目標；而有效的溝通者，必須來自一個傑出的連結者。

《領導的藝術》（*Leadership Is an Art*）作者麥克斯．帝普雷（Max De Pree）聲稱：「在我

們努力完成有意義的工作與充實人際關係的過程中，沒有哪件事比學習溝通的藝術來得更加重要。」我完全同意。

如果你想要擁有更好的人際關係，如果你想要達到個人成功，或是如果你想要成為更好的領導者，就把連結當成你的目標。

想要做到這一點，如果你還沒有學過溝通，就先成為研習溝通的學生吧。去研究演說效果好與壞的講者，觀察哪些方法有效、哪些策略沒用。想一想是什麼特質讓人願意聽他說話，然後開始培養這些特質。無論你去哪裡，都要觀察優秀連結者是怎麼與人一對一連結的。只要你願意努力嘗試，你就能連結得更好。

連結原則：比起天賦，連結更重技巧。

關鍵概念：你在某個層面學到的連結技巧，可以用於展開下一個層面的連結。

∞一對一連結

許多人認為一對一與人連結，比連結一整個團體或一群聽眾容易，我相信這通常是對的。因為比起面對一群人，他們有比較多的機會練習一對一連結。要克服對一大群聽眾講話的恐懼，方法就是：練習把你在某個層面中學到的技巧，運用到下一個層面中。過程就從發揮你所擁有的天賦長處開始，去進行一對一連結。

想要進行良好的一對一連結，你必須：

- 對人有興趣。
- 把價值加諸在對方身上。
- 把他的利益放在你的利益之前。
- 向對方表達感激之意。

∞在團體中連結

當你在一對一狀況中已能順利連結之後，盤點一下你在這個層面發展了哪些技能，利用哪些資產獲得成功。現在思考一下，你如何運用這些東西來與一個團體進行連結。哪些可以輕易轉移呢？又有哪些必須「轉譯」或做某些調整，才能運用在團體中？活用這些技巧。

此外，將上述提過一對一連結時得運用的四樣要素，擴充之後運用在團體連結中：

- 對團體中的每個人表現出興趣。可藉由問每個人問題達到這一點。
- 把價值加諸在每一個人身上。方法是對團體中其他成員指出每一個人的價值。
- 把為團體中每個人增添價值當作你的目標，並讓他們知道你打算這樣做。
- 在其他人面對表現出你對每個人的感謝。

∞與聽眾連結

當你逐漸熟練如何與團體進行連結後，再度檢視與他們連結時哪些方法有效。試著想一想，如果要面對一大群聽眾，哪些策略會有用。只要記得：當聽眾人數愈多時，你就得花愈多能量在溝通上。

要展開這個連結過程時，只要這樣做：

- 表現出對聽眾的興趣。可能的話，在演講前去和聽眾們招呼。演說時，讓他們知道，你了解他們每個人都是獨一無二且特別的。

- 讓他們知道你花了很多時間準備演說，因為你很重視他們、他們的目標以及他們的時間，藉以增加他們的價值。
- 把聽眾擺在第一位的方法是，讓他們知道你是來服務他們的。我的做法是樂意回答他們的問題，在演講結束後留下，讓人們有機會與我互動，而且為他們簽書留念。
- 向他們表達感激之情，謝謝他們花時間參加。

第二部

與人連結的同贏練習：成功不是單人表演！你如何贏得信任與事業？

當不會連結的講者去思考聽者需要知道什麼時，他們注意的是資訊。

但這不是我要說的東西。

從連結的角度來說，人們需要知道你站在他們那一邊。

06

運用共同點！避開傲慢、控制，傾聽提問最有效

如果要我選出溝通的第一法則，也就是開啟與人連結大門的首要方法，我的答案是——尋找共同點。這個法則應用廣泛，無論你是要解決和伴侶的衝突、教導孩子、交易協商、銷售產品、寫一本書、帶領會議，或是與聽眾溝通。

前文解釋過，在我以領導者和演講者為職的早些年，我的重心太過放在自己身上，直到我開始理解，連結關鍵全在他人身上之後，才有所進步。**如果你唯一關注的人就是自己，那就很難找到與他人的共同點了！**

我認為，當你了解自己之後，才得以開始更加了解他人。但要進步到下一個層次，你必須付出努力。

在我讀到佛羅倫斯．妮蒂雅（Florence Littauer）的《性格塑身SMCP》（*Personality Plus*）時，體驗到讓人驚呼「啊哈！」的豁然開朗，它幫助我更能與人連結。這是我第一次發現，不同性格會使他人的思考與行動和我截然不同。這對你而言可能是再明顯不過的事，但對我來說，卻是大開眼界的重要資訊。更重要的是，我了解到沒有什麼所謂正確的性格。坦

白說，多年來我一直認為自己急躁的個性比其他人優越，結果我試著把其他性格的人變得跟我一樣，這是多麼荒謬！我就像那個對丈夫的眼睛手術結果感到失望的女士一樣，她告訴她的朋友：「我們花了超過四千美元替他的眼睛做雷射手術，結果他還是不能從我的觀點看事情！」

我還在學習理解他人是怎麼思考與感知這個世界的。我讀了一本書，是特里・費爾伯（Terry Felber）所寫的《我把自己表達清楚了嗎？》（*Am I Making Myself Clear?*）他說人根據五種感官能力，會有不同的表象系統（representational systems），形成他們思想和感受的基礎。舉例來說，如果好幾個人一同漫步在沙灘上，他們對這個經驗的回憶，會根據自身的表象系統而有很大的差異。某個人可能記得陽光灑在他皮膚上和沙子在腳下的感覺；另一個可能記得海水的模樣和陽光的鮮明色彩；第三個人或許可以形容出海水與鳥兒的聲音；而另一個人則可能記得空氣中充滿鹹味和做日光浴者身上防晒乳的氣味。我們每個人都會為自己處理資訊的方式建構出一套框架，費爾伯說：「如果你能學會精準分辨出周遭的人如何體驗這個世界，並且真正試著以同樣的方式去體驗世界，你會很訝異自己的溝通變得多麼有效。」這其實就是另一種尋找共同點的方式。

假定、傲慢、冷漠與控制，讓「你我不同」

能夠與人連結的人，總是在尋找共同點。這聽起來似乎是顯而易見的事，因為所有正向的人際關係，都是建立於共同的興趣和價值觀上。關係，建立於共識而非異議上。但如果這是真的，為什麼有這麼多人無法找到共同點，並由此建立關係呢？原因有很多，以下列出的四種，是我相信在尋找共同點時最大的障礙，你必須小心提防。

假定——「我早就知道他人所知、所感，以及想要什麼了」

傑瑞．巴拉德（Jerry Ballard，非營利組織 World Relief 前主席）：「**所有的溝通不良，皆是與假定不同所造成的結果。**」你不覺得他說的沒錯嗎？有時候結果會很慘烈；而有時結果也挺滑稽的，就像下文中的旅行者在機場候機的狀況。這位旅客買了一小包餅乾，然後到候機室坐下來看報紙。

她突然注意到一陣窸窸窣窣的聲音，抬頭看見一位穿著整齊得體的男士伸手拿了餅乾吃。她不想引起太大騷動，所以傾身過去拿了一片餅乾，希望他能識相點。過了一會兒，她以為自己成功了，卻又聽見窸窸窣窣的聲音。她簡直無法相信，那個人居然又拿了一片餅乾！

包裝裡只剩下一片餅乾了，當她不可置信地看著它時，那位男士把剩下的餅乾掰成兩半，把一半推給她，另一半塞進自己嘴裡，然後起身離開。

一直到她的班機廣播要登機了，她仍舊氣憤難平。當她打開手提包要拿機票時，才赫然發現她的餅乾還完好如初地躺在包包裡。你可以想像她當時有多麼震驚與尷尬了！

就像故事中的那位女士一樣，你是否也假定那位男士動手拿了她的餅乾呢？我第一次看到這個故事時，就是這麼以為的。這個故事，讓我們對自己有更多認識。我太常因為假定別人就是怎樣，而事後感到愧疚，當我應該仔細觀察的時候，卻又常妄下推論。**我們很容易替別人貼上標籤，然後只從那個觀點看待他們**。

我們必須記得，所有的概括推論都是錯誤的，包括我現在說的這個。一旦一個人被歸類到某個特定框架中，我們就很難認為這個人會有所不同。因此，我們必須像一位好的裁縫師，每次看見客戶時，都要重新量測一次。因為，好的裁縫師絕對不會假定這個人的身材跟上次來的時候一模一樣。

假定他人就是怎麼樣，是很不智的行為，縱使他們跟你很親近。mywiredstyle.com 創辦人和負責人黛柏．英吉諾告訴我，在她帶領的親子教養工作坊中，有一位年輕的單親媽媽，對她的兒子做出許多假設性推論。這位媽媽總是跟她兒子說，他就跟他老爸一樣。問題是這個孩子的爸爸在監獄，而這位媽媽老是講他的壞話。她認為兒子知道她很愛他，她單純只是指出他的個性特質而已。但是，她的話語對孩子已有負面影響，於是她決定改變他們的互動，開始留意她與他連結的方式。黛柏說：「現在，她認真發掘孩子知道什麼，培養他的強項，鼓勵他發展那些優點。之後，他的行為表現和母子關係都可看出顯著的改善。」

你會不會根據人的背景、職業、種族、性別、年紀、國籍、政治、信仰或其他因素，對人預設一些看法呢？只要你快速做出這類的臆測，你就會停止注意人，也可能錯過一些線索，而這些線索原本可能幫助你找到彼此的共同點。

奈及利亞作家奇瑪曼達．阿迪契（Chimamanda Adichie）說：「對於某個人或某國家，如果我們只聽取單一個故事，就會有誤解的風險。」為什麼呢？因為我們可能會假定這個故事涵蓋了那個人或國家的全貌，然後我們會關閉自己的腦袋，不進一步了解更多。當這種狀況發生時，要找到共同點就很難了。

傲慢——「我不需要知道他人所知、所感和想要什麼」

傲慢的人很少因共同點而結識他人，為什麼呢？因為他們不肯努力——他們相信自己不需要這樣做。在他們的判斷中，他們認為自己高人一等，不想要降到和其他人相同的層級，而是期待其他人努力來到他們身邊。

與人相處融洽的祕訣之一，就是考慮到他人的觀點。最高法院大法官路易斯．布蘭迪斯（Louis D. Brandeis）觀察到：「生活中出現的各種嚴重爭端中，有九成來自於誤解。來自一個人不知道某些事對另一個人很重要，或者是不重視他人的觀點。」

多數人都願意承認，就像披頭四的歌曲所說，我們需要朋友的一點點幫助。我們知道若有人覺得他們知道所有事情的答案，是多麼荒謬的事。這種人似乎過時到無可救藥，他們就像一九七〇年代經典情境喜劇《一家子》（*All in the Family*）中的阿爾奇．邦克（Archie Bunker），堅持己見、心胸狹隘、冥頑不靈。邦克期待每個人都要迎合他，朋友和家人都得忍受他的羞辱。他的太太、可憐的愛迪絲（Edith），通常是最慘的那一個。有一次他告訴她：「愛迪絲，我們的問題是：我說的是英文，妳聽見的是蠢話。」

因為邦克是如此誇張的諷刺角色，所以能讓聽眾發笑。但現實生活中，如果有人表現出這種傲慢態度，可就不有趣了。我研究領導人和溝通者超過四十年，令人難過的是，大多數人在溝通時，會試著把他們的能力或觀點打造成一個榜樣。這麼做的結果是，他們很少能與人連結，因為他們的傲慢在他們與他人之間築起了一道牆。**當你不在乎在場的任何人時，就無法跟在場的所有人建立關係**。

冷漠──「我不在乎是否知道他人所知、所感和想要什麼」

喜劇演員喬治．卡林（George Carlin）曾開玩笑說：「科學家今天宣布他們發現了冷漠的解藥，然而，他們表示仍沒有人對此表現出任何興趣。」某些人在溝通的時候就是如此，他們或許不覺得自己比聽眾優越，但是也沒有努力去了解他們。或許只是因為這麼做太費功夫了。

每年我都會到世界各地旅行，這是我演講行程的一部分。我覺得這很有挑戰性，因為必須克服語言和文化的障礙。我一直在思考，在這些活動中，要如何找到共同點來與他們連結，而這總是需要許多事前準備。

多年前，瑪格麗特和我帶著孩子喬爾波特（Joel Porter）和伊莉莎白（Elizabeth）去俄羅斯。當時，那個國家正處於蘇聯解體的過渡期，我應邀到克里姆林宮進行一個重要演說。我在準備的時候，絞盡腦汁思考和當地聽眾連結的方法。然後我突然想到，我們的女兒伊莉莎白有一副美妙的歌喉，正想要找機會為俄羅斯的民眾演唱。

為了唱歌，伊莉莎白花了很長時間努力學習俄文發音。在那次活動中，當她起身唱歌時，聽眾一聽見她口中唱出俄文，精神全都為之一振，會場中的能量立即增強。她唱完之後，全場掌聲震耳欲聾！她努力學習他們的語言與其連結，這對他們來說意義重大。前南非總統曼德拉（Nelson Mandela）說的沒錯：「如果你用一個人理解的語言跟他說話，你說的話會進到他的腦中。如果你用他的語言跟他說話，就會進到他的心裡。」

需要注意的是，冷漠其實是一種自私的形式。冷漠的溝通者專注於自己和自己的舒適方便，而不是擴展自己去尋找與人連結的最佳方法。

如果你過去因為沒有努力了解他人，而難以與人連結的話，可以想想英國小說家喬治·艾略特（George Eliot）所說的：「在這個廣闊的世界裡，除了滿足微小的自私欲望之外，試著去關心其他事情。試著去關心思想和行動中最好的部分，那是你人生偶然事故之外的好事。除了自己的人生，也看看其他人的人生，看看他們的煩惱是什麼，以及他們是如何忍受的。」無論你做的事情有多小，大多數人都會珍惜你為他們做的努力，以及願意從他們的視角觀看事物。

控制——「我不想要讓他人知道我的所知、所感或想要什麼」

尋找共同點是一條雙向道。專注於他人，進而了解他們固然重要，可是坦誠與真實地表現自己，讓其他人也能了解你，這點也非常關鍵。當然，不是所有領導者和溝通者都願意這麼做。

就像作家、同時是前美國海軍上校麥可・艾伯拉蕭夫（Michael Abrashoff）的觀察：「有些領導者認為把人蒙在鼓裡，可以讓自己維持控制權。但那是領導人的愚蠢之處，也是組織的失敗。保密會滋生隔閡，而非成功。知識就是力量，沒錯，但領導者要做的是集結力量，而那需要共同的知識。我發現人們愈清楚目標是什麼，我就會得到愈多支持，而我們一起達成的結果也會愈好。」如同漢南留言指出的，如果你採取下一步，結果可能會更好。漢南說：「如果你解釋這件事背後的原因和理由，不止能幫助他人了解目標所在，也會讓他們接受這個願景，並成為其中一分子。如此一來，你們就可以共同努力了！」

只要員工感覺到有什麼資訊是隱匿、不讓他們知道的，以及在達成組織目標中他並非一分子，他們就會開始覺得自己是個局外人。最後，員工們的士氣低落，表現也會變差。同樣地，當聽眾感覺到演講者有所保留，或只因自己是「局內人」而自傲，卻不把聽眾納入其中，他們就會覺得疏離。

我非常喜歡吉姆・蘭帝（Jim Lundy）在其著作《領導、跟隨或讓位》（*Lead, Follow, or Get Out of the Way*）中的表述方式。書中講述，當員工面對領導者資訊不公開的環境下，他們會有的反應。他稱其為「下屬的哀歌」：「我們未享有知的權利，為無法觸及的一群人工作，為不懂感激的人從事不可能的任務。」還有一篇「蘑菇農場的悲嘆」寫著：「我們像是被隔離在黑暗之中，每隔一陣子就會有人過來，在我們身上灑一點肥料。當我們探出頭之後，他們就會砍掉，接著裝進罐裡。」

優秀的領導者和溝通者不會把自己隔離開來，也不會刻意隱瞞別人。他們懂得分享資訊，讓人們成為事件中的一分子，並盡可能邀請他們共同決策。如果你拒絕讓任何人知道你是誰或你相信什麼，你就無法建立彼此的共同點。

八大方法，培養共同點心態

許多人認為尋找和他人的共同點是天分的問題，他們覺得有些人天生就是好的連結者，而有些人不是。我雖然同意不是每個人一開始都有同樣的連結能力，但我也相信任何人都可以學習連結得更好，因為**連結是一種選擇**，**是個可以學習的習慣**。如果你想要增加與人連結的可能性，那麼在你生活的每一天請做以下的選擇。

騰出時間——「選擇花時間與人相處」

共同點必須靠人發掘，而這需要時間。有人曾告訴我，美國典型的企業管理階層在工作當中可騰出的注意力時間，只有六分鐘。這實在太可悲了，六分鐘內連一般溝通都有難度，根本不足以尋找彼此共同點。

騰出時間也需要刻意為之。

漢斯．史費拜恩留言寫道：「當我負責大規模團體的活動時，通常會一直待在製作單位的人員身邊，或是到處跑來跑去，彷彿我是個大成本電影的導演一樣。我希望自己看起來很重要，所以別人無法輕易找到我。這可能是因自我意識過高，而且和尋找共同點的做法不同，但或許領導者覺得能讓其他人無法隨時找上他們，是一種吸引力。」

身為領導者和溝通者，我總是把目標設定為其他人可以接觸到我。當我和家人或朋友在一起時，不會停止連結，我會保持著參與的心態。當我擔任研討會的講師時，空檔時間我不會休息，而是簽書和與人交談。當我是地方教會的牧師時，每個星期天我對自己和員工都有個規定：當人們還在現場，就不可以有閉門會議。我希望我的工作人員緩緩地走過會眾身邊，讓會眾可以接觸到他們。我自己也會空出時間，和大家打招呼、聊天、聽他們說話，這不只幫助我與他們一對一連結，同時幫助我在演說時，能專注於他們身上。

傾聽——「藉由聆聽找到共同點」

在我小的時候，會跟朋友玩一個叫做「熱或冷」的遊戲。如果你跟我年紀差不多，或許你也玩過。當「鬼」的人要先離開房間，這時其他孩子會把一個小東西藏起來。等到「鬼」回來時，他的工作就是要找出那樣東西。他在房間裡四處尋找時，其他孩子會告訴他一些暗示，說他是愈來愈冷（表示正在遠離藏起來的東西），還是愈來愈熱（表示快接近了）。當他非常靠近時，其他人會告訴他：「你熱到發燙，你著火了！」

我相信，每個人每天都在生活中玩不同的「熱或冷遊戲」，他們在尋找成功，但是不知道它在哪裡。他們在尋找擁有相同價值觀的人，但是不知道怎麼找到他們。如果你是個領導者或溝通者，你有機會在他們的追尋中幫助他們。但是要做到這一點，你必須先學會傾聽，否則你怎麼知道他們在找什麼？

我們必須把注意力放在他人身上，才能尋找共同點。桑雅．漢林在她的書《怎麼說，別人才會聽？》中提到，大多數人覺得這很困難，是由於所謂的「我最優先因素」所影響。她寫道：「**聆聽需要放棄我們最愛的娛樂活動——關注自己和自己相關的利益**。這是我們最首要、完全合乎人性焦點的事，也是我們做任何事情的動力來源。在這個前提下，你可以看出當我們被要求聆聽他人說話時，會產生什麼問題了嗎？」

她的解決方法是什麼？她建議：「當你試著傳達訊息，想要別人傾聽時，你必須隨時回答聆聽者的直覺性疑問：『我為什麼應該聽你說話？如果我讓你進來，對我有什麼好處？』」只要你願意傾聽他人，並找出你提供的事物可以如何滿足他們的需求，你就找到達成共識的方法了。

提問──「對他人感興趣，並主動提出問題」

現代管理學之父彼得・杜拉克（Peter Drucker）曾說：「我身為顧問的最大強項，就是無知與提出幾個疑問。」這是找出共同點多麼棒的方法。

我在演說職涯中，一直遵從這個建議並付諸實行。當我受邀去某家公司演說時，我會請他們預先電話溝通，以便我詢問一些問題，對他們有更多了解。有時候我在演講時，會以問問題開始。通常我會問：「有多少人是來自商界的？教育界呢？政府機構？宗教領域？」這些問題不只幫助我了解聽眾，也讓人們曉得我想要認識他們。

電視節目主持人賴瑞・金，主持過數千次訪問，他說每一次良好對話的祕訣就是提問。他在《賴瑞・金教你何時、何地跟誰都能聊不停》（*How to Talk to Anyone, Anytime, Anywhere*）一書中寫道：「我對一切都感到好奇，如果我在雞尾酒派對上，我通常會問我最愛的問題：『為什麼？』如果某位男士跟我說他和家人要搬到另一個城市：『為什麼？』一位女士想換工作：『為什麼？』有人支持大都會球隊：『為什麼？』在我的電視節目中，我最常用的問題大概就是這個了。這是有史以來最棒的問題，也將永遠如此。而且，它絕對是保持對話活力、又有趣的最有效方法。」

如果你不是特別外向或不太會問問題，你可以使用杜克・布雷克斯分享他從朗恩・普依爾（Ron Puryear，美國商人）身上學到的技巧。記住FORM這個字，代表著家庭（family）、職業（occupation）、娛樂（recreation），和訊息（message）。杜克說：「你會很驚訝，當我們提出與這些主題相關的問題時，居然可以得知一個人那麼多事情，而且可以快速地認識他們。」

貼心——「我會為他人著想，找出感謝他們的方法」

一九七〇年代時，我在俄亥俄州蘭開斯特市（Lancaster）一間快速成長的教會擔任牧師。當時，我每天都排滿了會面和其他耗時的工作，由於人手不足，我總是覺得行程壓得喘不過氣來。有一天，我發現我的預約會面表上出現一個名字，是我認為不應該出現在行程上的人名。雖然，那個人是教會的成員沒錯，但他不是個領導人，而那時我正努力把注意力放在前二〇%的領導人身上。

我不耐煩地詢問助理這個人想要做什麼，但她說她不知道時，我開始有點惱火。

當喬（Joe）來到我的辦公室，我心裡只有一個念頭：盡快把這個人弄出去。

「我能為你做什麼呢？」他一坐下我就問他。

「牧師，你不必為我做什麼。」他的回答讓我吃了一驚。「問題是，我可以為你做什麼呢？過去幾週以來，我一直問自己這個問題，當我終於想出答案時，我就預約了這次的會面。約翰，我看得出來你的行程很滿，非常忙碌，我希望可以為你做一些跑腿的工作。如果你可以列出一張你希望我做的事項清單，並交給你的助理，我每週四下午都會過來，幫你處理這些事情，你覺得這樣好嗎？」

我很震驚，也非常羞愧，這是多麼貼心的提議。接下來的六年，每個星期四喬都會來替我打理一些雜事。就在那一天，他教了我許多關於如何尋找共同點的事，也成為我非常感激的朋友。如果你可以表現出類似的貼心舉動，你就能找到與他人的共同點。

開放──「我願意讓別人走進我的生活中」

我有榮幸曾與前參議員和擔任過共和黨總統提名候選人鮑勃．杜爾（Bob Dole）共進晚餐，我們針對領導、政治，與世界大事進行了相當有意思的討論。那晚我向他提到的其中一件事，就是一九九六年時，他的太太伊莉莎白．杜爾（Elizabeth Dole）在共和黨大會上演說時的表現，令我非常驚豔。

當時她出乎所有人的意料，離開演講台、走入聽眾席，她說：「你們都知道，在傳統上，共和黨全國大會時，講者要站在這個非常壯觀的演講台上。但今天晚上，我想要打破這個傳統，理由有兩個。第一，我是來跟朋友們說話的；第二，我要說說那個我深愛的男人。所以對我來說，走下台來跟你們在一起，我會自在很多。」伊莉莎白．杜爾找到方法展現自己對聽眾的開放性，並為聽眾創造了一種共同感。

所謂的溝通，就是有關於是否坦誠開放，願意尋找自己與他人的共同點。事實上，溝通（communication）這個字來自於拉丁文的「communis」，意思是「共同的」。在我們可以有效溝通之前，必須建立起共同性。若我們做得愈好，溝通的有效程度就可能會愈大。

這對所有人來說都不容易。蜜雪兒．帕克就留言表示了解這件事的必要性，她說：「我會聽別人說話好幾個小時，主要是因為人們最想要的就是被聽見。然而，我曾在情感上有被拋棄的經驗，所以我選擇封閉自己，不會與別人分享我的內心世界。身為一個寫作者、渴望溝通的人，這是我必須摧毀的最大障礙。」連結總是需要雙方參與以及開放的心。

討人喜歡──「我會關心人」

曾是美國多位總統的顧問羅傑．艾爾斯（Roger Ailes）相信，公開演講中最有影響力的因素就是討人喜歡。他說，如果人們喜歡你，他們就願意聽你說話；如果他們不喜歡你，自然不會聽你的。那麼一個人要怎麼變得討人喜歡呢？答案是關心他人。**人們喜歡那些喜歡他們的人**，當別人知道你在乎他，他們就會傾聽。我在當牧師時，都會這樣告訴員工：**人們不在乎你知道多少，**

除非他們知道你有多在乎他。

葛蕾斯．鮑爾寫信來告訴我一個有關她女兒露易絲的故事。當露易絲十幾歲、還在紐西蘭奧克蘭（Auckland）上大學時，她的朋友維多利亞和菲爾生了第一個寶寶。露易絲和他們非常要好，想要為他們做些事情。她試著把自己放在他們的位置，思考該做些什麼，對新手父母最有幫助。她想到可以在寶寶安德魯剛出生的六個星期，替他們購買生活用品。

每個星期，她都會過去索取維多利亞的購物清單和費用，然後到商店採買。路易絲也非常體貼，如果她注意到清單上少了某些重要品項，就會主動替他們購買，她知道維多利亞和菲爾一定會需要。他們非常開心，也確實感覺到她有多麼在乎他們。兩年後，這對夫妻有了第二個孩子，露易絲又再次替他們購物。誰不喜歡擁有這樣的朋友呢？

想想你最喜歡的老師，我敢說他們一定很討人喜歡。想想你童年時期的鄰居裡，你記憶最深刻的是誰，他們也很討人喜歡吧？還有你的同學或親戚，或是你最喜歡的老闆？這些人很可能都十分受人歡迎！這是一個非常吸引人的特質，而且能讓其他人想要與你連結。

謙遜——「少考慮自己一點，多考慮別人一些」

詩人、記者暨編輯艾倫．羅斯（Alan Ross）曾說：「**謙遜是為了更崇高的目標，為了他人的福祉，去認識並運用你的強項**。一個謙遜的領導者不是軟弱，而是堅定的……不是滿心只考慮自我，而是為了其他人要如何最妥善地發揮自己的強項。一個謙遜的領導者不會看低自己，但會選擇考慮其他人的需求，來達成有價值的目標。我喜愛待在謙遜的領導者身邊，因為他們可以讓我表現出最好的一面。他們重視的是我的目標、我的貢獻，以及達成自己設定目標的能力。」

這是多麼傑出的觀點。虛假的謙卑是貶低一個人的真實優點以換取讚賞；自大則是膨脹了一個人的強項以博取讚美；而真正的謙遜則是提升他人，讓他們都能得到讚賞。

多年前，我受邀為一個為期三天的大會做閉幕演說，許多人都會在這場大會中演講。整整兩天我坐在聽眾席中，被各種成功的故事轟炸。每位演講者都在家庭生活、事業和社群中獲得成功。所有人都分享了他們成功建立公司，與贏得他人的經驗。很快地，我覺得後來每一位講者都試圖分享比前一位「更成功」的故事。

到了第三天，我已經超載、快招架不住了。這些演講者令我非常膽怯，跟他們比起來，我的過往紀錄、天分、經驗和成果似乎微不足道。而且我可以看出聽眾跟我有一樣的感覺，他們覺得自己和那些講者之間有巨大的鴻溝，他們的氣氛低落，我可以感覺到他們的沮喪氣餒。

在中午休息時間，我思考著能做些什麼來扭轉情勢，總有人必須和聽眾們連結，填補這個鴻溝。突然之間，我知道自己該做什麼了。我丟掉原先準備的講稿，很快地重寫一張新的大綱，主題是失敗，而不是成功。我取名為「跌倒、失敗與摸索」，內容放進我曾犯下的最大失誤、最糟糕的想法，還有我身為領導人最大的挫敗。每個人一定都曾在某些時刻受到生活的挫折，這就是我打算尋找共同點的地方。

當我上台演說時，一開場就說成功的主題壓得我快喘不過氣了，而我感覺到或許他們也有同感。接下來的一個小時，我跟他們分享作為領導者和牧師的各種失敗經驗，我承認我非常驚訝，在我這種領導下，組織居然還能有這麼良好的表現。隨著我講出一個個真實的失敗故事，聽眾與我愈來愈靠近，我們找到了共同點，他們跟我有共鳴，他們與我的坦承連結。演講到了最後，我告訴他們我相信他們。所有聽眾起立歡呼，因為他們對自己的未來燃起了希望，他們相信如果我可以成功，他們也可以。

如果你想要影響他人，不要談論你的成功，要談論你的失敗。民權運動人士康乃爾．韋斯特（Cornel West）說：「謙遜代表兩件事，第一，自我批評的能力……第二則是容許他人發光發熱、肯定別人、賦予他人力量和能力。缺乏謙遜的人是獨斷又自我的，那掩飾著深深的不安全感，他們覺得別人的成功會讓他們失去名譽和榮耀。」

所以你要如何實踐這些想法呢？我推薦你遵從牧師作家華理克（Rick Warren）的建議，他告訴我們謙遜來自於：

- 承認自己的缺點。
- 對他人的缺點有耐心。

◆ 開放地接受指正。
◆ 指出他人的亮眼之處。

這樣對待他人，人們就會願意與你連結，傾聽你要說的話。

適應——「從自己的世界移步到他人的世界」

中世紀學者聖多瑪斯．阿奎納（Thomas Aquinas）曾說：「要讓一個人轉變，就去牽著他們的手，引導他們。」想要移動別人，我們要先願意移動自己到他們所在之處；我們必須適應他人，試著從他們的觀點看事情。

造船業者亨利．約翰．凱薩（Henry J. Kaiser），在一九四〇年代推動造船業革命，他做了那個年代所能做到的最好狀況。他每年會花約二十萬美元的電話費，因為每天他都得花上好幾個小時與全國各地的重要主管溝通。早在電話會議普及前的許多年，他就安排各地員工在同一通電話中進行通訊。或許他無法每天親自移動到他領導的企業各處，但是他做了僅次於它的行動。

喬爾．道伯斯留言分享了他在一間大型日本企業中擔任主管的情形，他面對與日本人連結時的重大困難。喬爾說：「這裡的語言和文化簡直就是地雷區，所以若是想要使用最基本字彙以外的字眼，必須非常謹慎。想建立人際關係就更加複雜了，因為大部分的工作必須透過翻譯才能完成，使得彼此互動更加不私密。我發現跟他們分享食物，還有盡最大努力去享受菜單上陌生的食物，對促進人際關係有很大的幫助。」

每當你察覺到你和試著連結的對象之間存在著鴻溝，最明智的做法是移動到他們的世界。就算身體無法移動，試著在內心將自己移動到對方的世界，然後在自己的背景和經驗中，尋找跟他們有什麼共通之處。這就是一九八〇年代，我的領導和布道受到全國性肯定時，我所採取的方式。那個時候，查爾斯．富勒神學研究院（Charles Fuller institute）為全國各地的小型教會，舉辦了一個稱為「打破二百道障礙」的研討會，他們邀請我過去教導這些課程，而我知道那將是個大挑戰。當時我帶領的教會，會眾人數超過二千五百人，當我自己的教會有多達數千名會眾時，我要怎麼跟小型教會的牧師進行連結呢？更重要的是，我要如何幫助他們與我產生共鳴？

我花了一些時間思考他們的世界、他們的挑戰，和他們的夢想。接著我想到了：我在希爾漢教會的經驗會是我們的共同點，它原本是規模最小的教會，而在我的帶領下，成長突破到兩百名會眾。我要告訴他們，我是怎麼讓我的小教會成長的，他們可以與這個經驗連結，發展出自己的執行計畫。這個策略奏效了，我們在課程之中連結成功，他們從我的經驗中學習，而且數千名牧師也因此讓他們的教會獲得成長。

當你不確定要怎麼填補溝通的鴻溝時，不要從告訴別人你自己的事情開始，而是先把自己放在他們的位置，從他們的視角去看事情。適應他們，不要期待他們來適應你。

先行動者，得到更多

願意從他人的觀點看事情，確實是找出共同點的祕訣。如果你只做了這件事，其他都沒做，你在生活中每個領域的溝通效果仍會有顯著改善。因為這件事實在太重要了，接著我想要提供以下四大要點，幫助你成為更好的連結者。

先去感受他人的感覺

有效的溝通者會帶領人們進入一個旅程。除非我們從他們的所在之處開始，否則我們無法帶領他們走上那樣的旅程。唯有如此，我們才能成功連結，並試著帶領他們前往我們想帶他們去的地方。

西南航空的創辦人赫伯・凱勒赫就是擅於此道的大師，他不斷地與員工連結。他會飛到全美各地，與組織裡各種層級的員工見面、共度時光，從主管階層到售票專員，從空服員到行李裝卸人員，全都包含其中。他知道員工的感受，是因為他會到他們工作的場所，跟在他們身邊，體驗他們做的工作。他的態度和行動創造出共同點，打破老闆與員工之間的隔閡，難怪為他工作的人們都很愛他，且願意聽他的話。

如果你想找出與他人之間的共同點，就從了解他們的感受開始。如果你可以從情緒層面達成連結，在其他層面的連結上就會變得更加容易。

先用他人的角度看事物

擔任領導者與演講者這麼多年來，我曾經急迫地想讓人們看到我看到的東西。設想未來願景對我而言是很自然的事，我也喜歡講述未來可以是什麼模樣。當組織沒有如我所願的前進時，我就會想：如果他們可以看到我眼中的未來，那我們就能往前走了。但真正的問題是，我想要其他人先用我的方式去看事情，或更糟糕的是，我假定他們已經從我的觀點看到所有事物了。這樣的誤解會導致令人感到羞辱，有時甚至是可笑的結果。

一九〇三年十二月十七日，當萊特兄弟在北卡羅萊納州小鷹鎮（Kitty Hawk），試飛成功時，他們發了封電報給在俄亥俄州代頓市的妹妹，告訴她他們的偉大成就。電報寫著：「今天第一次持續飛行五十九秒。希望能在聖誕節前回家。」

他們的妹妹對這個消息感到非常興奮，立刻衝到當地的報社，把這封電報交給編輯，讓他報導這則新聞。隔天早上，報紙的頭條寫著：「本市最受歡迎的腳踏車商人將於假期返家。」

那位編輯怎麼會錯過真正的新聞呢？因為他沒有從萊特兄弟妹妹的角度去看事情，很顯然地，她也沒有費心做任何事確認他看懂了。這樣的誤解，我們現在看起來似乎很好笑，但我們自己也常有這種認知差異的問題。比如說，二〇〇〇年時，我去參加瑟克維爾中學（Circleville

High School）畢業三十五年的同學會。我十分興奮，因為那是我第一次參加，迫不及待地想要快到會場。結果當我環顧四周，看到那麼多老人時，你可以想像我有多麼驚訝！但我敢說，他們看到我時，一定也很吃驚我怎麼看起來那麼老。

人可以在同樣的時間、同一個位置，分享相同的經驗；但他們分道揚鑣時，每個人看到的事物卻可能完全不同。優秀的連結者了解這種傾向，所以會努力先從他人的觀點看事情。

三十多年前，我有幸和牧師保羅．李斯（Paul Rees）在領導者研討會中一同演說。他以洞見和智慧而聞名，當時他已八十幾歲，而我才三十出頭。在問與答時間，有人問他，如果他可以回到過去改變某些事情，他會選擇什麼事？我永遠不會忘記他的回答。

他說：「如果我可以回到還是個年輕的爸爸時，我會更努力透過孩子們的雙眼去看事物。」他接著解釋，因為他總想要孩子先從他的角度看事情，因而錯過許多教育孩子的時刻。那一天，我在心裡許諾，在我要求別人從我的觀點看事情時，我會先用他們的觀點去看。

我是否知道你的問題是什麼？

擔任多年的領導者與牧師，我試圖幫助人們解決人際關係中的衝突。多數時候，當我請事件中的關係人一起坐下來溝通時，他們最想做的就是從自己的觀點去表達他們的看法。他們想要確定是否有把自己的想法傳達出去。當我遇到這樣的衝突時，我通常會讓他們講到「口水都乾了」

之後，再問他們問題。只有在我知道他們知道什麼以後，我才會試著分享我這個角度的故事。**在了解問題是什麼之前，就給出答案的人是非常愚蠢的**。

林肯說過：「當我準備跟一個人講道理時，我會花三分之一的時間思考我自己及我要說什麼，然後花三分之二的時間思考對方及他要說什麼。」如果我們想要找到共同點，最好這樣做。

我是否知道你想要什麼了？

教會領導者都知道，會眾出席率有個循環周期的改變。在多數教會裡，夏天的會眾出席率會減少，因為大家都去度假了，他們會在週末時花更多時間享受戶外活動。而且孩子們不用上學，更需要父母的照顧陪伴，讓他們感到特別疲累。

在我帶領教會的時候，每年我都會試圖做些什麼，增加夏季的會眾人數。經過多次失敗後，我終於發現答案。有一年春天我就跟會眾們說，到了夏季，我會開始做一系列名為「就聽你的」演說。我鼓勵每位參與者提出他們最想要聽我講的主題，我會從中選擇十個最多人要求的主題。有好幾千人參與這個選題活動，我們挑出最熱門的十大主題，成為那個夏天的布道題目。結果該年的會眾人數不但沒下降，甚至還增加了。為什麼呢？因為，我知道人們想要知道什麼。

發明家查爾斯．凱特林（Charles F. Kettering）曾說：「**在知道與了解之間有非常大的差距。對於某樣東西你可能知道很多，卻不是真的了解它**。」這句話同樣可以套用在人身上，你可以知道一個人很多事，卻依然不了解這個人。資訊很多並不一定就是答案。想要真正了解一個人，你必須知道他們想要什麼，而這需要你超越頭腦，進一步去思考心的層面。

當我想要真正認識一個人時，我會問三個問題。人們對這些問題的答案，會讓我更加深入了解他們的內心。這些問題是：

- 你嚮往什麼？
- 你會因為什麼而歡唱？
- 你會因為什麼而哭泣？

如果你知道這些問題的答案，你就能夠找到與某人之間的共同點，進而與他連結。

我實在想不出來，在溝通上，還有什麼事情比尋找共同點來得更重要。共同點是人們可以討論彼此差異、分享想法、尋找解決方案，並開始一同創造某些事物的起點。人們太常把溝通當成是傳遞大量資訊給他人的過程，但那是錯誤觀念。如我先前所說，溝通是場旅行，人們有愈多共同點，就有愈大機會可以一起踏上這趟旅程。

連結練習：連結者運用共同點與人連結。

關鍵概念：要知道你和對方想要溝通的原因，並且在那些理由之間搭起橋樑。

∞一對一連結

當兩人聚在一起想要溝通時，雙方都有自己這麼做的原因。要在共同點上連結，你必須知道自己的原因，也要知道對方的原因，然後找到將兩者連結在一起的方法。尋找共同點是要知道如何利用這次互動，創造出雙贏局面。

根據共同點搭起雙方之間的橋梁，在一對一互動時會比對多人溝通時來得容易，因為你可以從對方身上得到立即與持續的回應。要找到共同點，留意相同的興趣和經驗藉此提出問題。當你找到共同點時，便能講述經驗、分享情緒，並提供從這些經驗中學到的東西。如果可能，一起做一些雙方都喜歡的事情。

∞在團體中連結

要在團體中尋找共同點會稍微困難一些，因為你不能只專注於一個人身上（如果你這樣做，會有失去其他人的風險）。所以你該怎麼做呢？先從問自己這個問題開始：「是什麼讓我們聚在一起？」這個問題的答案，通常就是一個有效的起始點。

如果這個團體是被迫聚在一起的，比如說雇主安排的強制性委員會，那麼就問問自己：「我們所有人共有的目標是什麼？」牢記這個目標，認可每個人的差異性，但也要肯定他們為這個目標可以貢獻哪些獨特的技巧與能力。要提醒他們，這個目標比個人角色更加重要。當團隊取得成就時，與他們一起慶祝。

∞與聽眾連結

當人們來聽某人演講時，內心是希望學到某些可以幫助他們的事情。一個充滿期待的聽眾，心裡最想得到的就是這一點。充滿敵意的聽眾可能不這麼想，但如果傾聽對他們有好處，他們也會敞開心胸。下次你要在一群聽眾面前進行溝通時，可以利用這種渴望當成連結的共同點，運用下列模式：感覺、感受、找到以及尋找。

- 感覺：試著去體會他們有什麼感覺，承認並肯定他們的感覺。
- 感受：讓他們知道你也有同樣的感受。
- 找到：跟他們分享你找到什麼對你有幫助的東西。
- 尋找：讓他們知道你願意協助他們，為其人生尋找幫助。

07

頂尖連結者懂得做溝通最困難的事——保持簡單

幾年前，我受邀到電視節目受訪。主持人拿起幾本我的書說道：「約翰，我讀了你好幾本書，它們都好簡單哦！」他的語氣、肢體語言和神態，讓我和聽眾都能明顯感受到，他說這些話並不是一種讚美。

我的反應非常直接：「沒有錯，書裡的原則都非常容易理解，但是執行起來可不是那麼簡單。」聽眾鼓掌叫好，主持人也讓步承認我說得很對。

溝通——愈簡單愈困難

丁朗尼留言告訴我，有一次教會服事完，牧師與他的會眾握手，其中一位教友對他的布道提出評論：「牧師，你比愛因斯坦還聰明。」

牧師對這樣的評論感到受寵若驚，但不知道該怎麼回應。事實上，他愈思考這句評論，愈覺得困惑，結果一整個星期都睡不好！

第二個星期天，他終於問了那名教友，那句話究竟是什麼意思。那個人回答：「愛因斯坦寫了非常難懂的東西，在那個年代只有十個人理解。但是你布道時，沒有一個人聽得懂你在說什麼。」

我想很多人都有這種觀念，如果有個人，尤其是作家或演說家，用許多複雜的資訊轟炸他們，或是用艱澀的字彙和密集又難以理解的文體寫作，那就表示這個人應該是聰明又值得誇讚。在學術界似乎尤其如此，當學生不了解教授在說什麼時，他們通常會假定是因為教授太聰明，知道的比他們多太多了。我不覺得一定都是這樣，就如同房地產經紀人蘇．卡頓所說：「如果你使用冗長或生硬的言語表達，就無法與人連結，聽眾只會等待這場折磨趕快結束。」通常在這樣的案例中，老師就不是好的溝通者。教育者通常會把簡單的東西弄得很複雜，而溝通者則是把複雜的東西弄得很簡單。

前《新聞周刊》（*Newsweek*）商業編輯約翰．貝克利（John Beckley），在其精彩著作《簡單字彙的力量》（*The Power of Little Words*）一書中提到：「教育重點上，很少強調以簡單清楚的方式表達觀念。相反地，我們都被鼓勵用更複雜的字彙和句型結構，來炫耀我們的學習與知識程度……學校的英語教育並沒有教我們如何盡可能清楚地溝通，反而是教我們怎麼把概念弄得很模糊。它甚至會讓我們害怕，如果我們寫得不夠複雜，就會被認為是沒受過教育的人。」

我想每個人都會同意，我們在生活中面對的許多事都很複雜。或許某位教授會理所當然地辯駁，他的專業領域十分複雜，這點我不會否認。但身為領導者與溝通者，我們的工作是把一個主題說清楚，而不是搞複雜。釐清問題所需的技巧，遠不及找到一個好的解決方案所需的技能。判斷老師是否優秀，不是看這位老師知道什麼，而是看他的學生知道什麼。讓事情變簡單是一種技能，而且如果你想要在溝通時與人連結，這是必備的。或許就像愛因斯坦所說：「**如果你無法用簡單的方式解釋它，就表示你不夠了解**。」

一九九四年時，我聘請查理．衛賽爾擔任撰稿人，協助我寫作與研究。他出身學術圈，有英國語文學學位。和我一起工作以前，他是一位老師以及商學院院長。我知道，如果要做出有效的研究，他必須知道我想要什麼樣的資料，一大堆無法與人連結的研究資料，幫不上我的忙。

我詢問其他作者如何協助撰稿人處理這樣的工作，但都沒有得到有用的答案。於是，查理和我制訂了我們的計畫，他會讀一本名言書，標記出他覺得很好的名言，而我也用同一本書做一樣的事情。最後我們在比較評估結果時，發現我們選出的內容有九〇%都不一樣！

查理選的多數名言，都是又長又文謅謅的，這反映出他的學術背景。他說他找的是有深刻思想或見解的句子。讓我告訴你這麼做的問題是什麼：一個人認為的深刻見解，可能是另一個人的催眠良藥。因此，我給了他挑選好材料的準則，為了符合我的需求，引用的名言或例子必須至少符合以下四個特徵中的一項。

- 幽默：會讓人發笑。
- 觸動人心：可以抓住人們情感。
- 希望：可以激勵人心。
- 幫助：對人有具體實質的幫助。

這四樣東西或許看起來簡單，但十分有效。

有了這樣的概念後，查理和我又用了另本書再試一次。這一次，我們有五〇%的內容是一樣的。過了幾個月，查理蒐集的材料，已經有九〇%的內容是我們都同意的了。十五年後的今天，我都還沒做，他就已經知道我想要什麼。他真的可以讀出我的心，以我的風格撰稿，他知道我的意圖、習性和熱情。他可以把我的材料發揮得更好，重寫我的文稿，改善我想要表達的內容。最重要的是，我們努力把事情變得簡單。

把事情變簡單是件困難的工作。

數學家布萊茲．巴斯卡（Blaise Pascal）曾經寫道：「這封信我寫得比平常長，是因為我沒有時間將它精簡。」要讓任何種類的溝通變得簡潔、精準、有影響力，需要花很大的努力。或者就像哲學詩人愛默生所說：「簡單就是傑出。」傑出的溝通者讓他們的聽眾理解得非常清楚，而拙劣的溝通者則讓聽眾愈聽愈困惑。

跨文化的「三S」溝通

保持簡單明瞭的溝通並不容易，尤其是當我到國外出差，試圖與外國聽眾溝通或一對一溝通時，這一點更是明顯。

跨文化連結需要很多心理、生理和情緒上的能量。而且有時候會導致很好笑的結果，以下是我在世界各地看到的一些有趣英文標示：

- 曼谷的乾洗店：Drop Your Trousers Here for Best Results.（把你的褲子放在這裡會有最好的結果。）
- 義大利某旅館的小冊子：This Hotel Is Renowned for Its Peace and Solitude. In Fact, Crowds from All Over the World Flock Here to Enjoy Its Solitude.（這間旅館以安寧和冷僻聞名。事實上，世界各地的群眾聚集到這裡來享受其冷僻。）
- 東京的某旅館：Is Forbitten to Steal Hotel Towels Please. If You Are Not Person to Do Such Thing Is Please Not to Read Notis.（請禁止偷旅館毛巾。如果你不是做這種事的人，請不要閱讀標示。）
- 布加勒斯特的某旅館大廳：The Lift Is Being Fixed for the Next Day. During That Time We

Regret That You Will Be Unbearable.（電梯維修直到明天。這段時間，我們十分遺憾你將令人無法忍受。）

- 雅典的某旅館：Visitors Are Expected to Complain at the Office between the Hours of 9 and 11 a.m. Daily.（我們期望旅客每天早上九點到十一點之間到辦公室客訴。）
- 羅馬的洗衣店：Ladies, Leave Your Clothes Here and Spend the Afternoon Having a Good Time.（女士們，把妳的衣服留在這裡，花一個下午享受美好時光。）
- 香港西服店門口：Ladies May Have a Fit Upstairs.（女士們可以在樓上勃然大怒。編按：原文 Have a Fit 有勃然大怒之意，而非試穿。）
- 羅得島的裁縫店內：Order Your Summers Suit. Because Is Big Rush We Will Execute Customers in Strict Rotation.（訂製你的夏日西裝。因為旺季，我們將嚴格輪流處死客戶。編按：應指「嚴格按照順序執行顧客訂單」，而原文 Execute 有處死之意。）
- 哥本哈根某航空公司售票處：We Take Your Bags and Send Them in All Directions.（我們拿走你的行李，並將它寄往四面八方。）
- 布達佩斯的動物園：Please Do No Feed the Animals. If You Have Any Suitable Food, Give It to the Guard on Duty.（請勿餵食動物。如果你有任何合適的食物，拿給值班警衛。）
- 墨西哥阿卡普爾科的旅館：The Manager Has Personally Passed All the Water Served Here.（這

裡供應的所有飲用水都是經理親自解的小便。編按：原意應為「親自驗定通過」，而原文 pass 有排泄之意。）

- 東京租車公司的小冊子：When Passenger of Foot Heave in Sight, Tootle the Horn. Trumpet Him Melodiously at First, But If He Still Obstacles Your Passage Then Tootle Him with Vigor.（當看到旅客的腳時，請按喇叭。一開始以優美的旋律按喇叭，但如果他還阻擋了你的去路，就用力按喇叭。編按：原文中的 Trumpet 指的是樂器小號，Tootle 等字只能使用於樂器上。）

相信我，如果你不常出國旅行，我可以告訴你這真的是一項挑戰。在全球超過五十個國家、數百個地點進行演說後，我發展出了一套「三 S」策略：

- 保持簡單（Simple）。
- 慢慢地說（Slowly）。
- 面帶微笑（Smile）。

如果前兩項沒有用，我希望第三項 S 至少可以讓人們知道我喜歡他們。

簡單的藝術！九個字的精湛演說

我相信你應該不會對這一章感到失望，因為關於化繁為簡，真的沒有太多可以說的。這真的是一個很簡單的觀念，然而，做起來並不容易，對吧？

為了幫助你，我統整出以下五項指引。

別對著人們頭頂上開槍

一個學齡前男孩在汽車後座吃蘋果。「爹地，」他說：「我的蘋果為什麼變咖啡色的？」爸爸解釋說：「因為你吃掉蘋果皮之後，果肉就會接觸到空氣，造成它氧化，因此改變了分子結構，就變成不一樣的顏色。」

經過一陣長久的沉默，男孩又問：「爹地，你在跟我說話嗎？」

當演講者或領導者在傳遞複雜的觀念時，卻沒有設法用簡單明瞭的方式表達，許多人就會有和男孩一樣的感覺。我在當聽眾時，有時就有這種感受。當這種狀況發生時，代表這個溝通者不了解：**對著人們頭頂上方開槍，不表示你的彈藥比較高級，而是表示你的射擊技術很爛**。

我第一個大學學位是神學。還在攻讀學位時，沒有人教我或鼓勵我要用簡單的詞彙跟聽眾溝通。大四時，我得到演講比賽第一名，我的題目並不太平易近人，演說的方式也是一樣，我使用冗長的句子和艱澀字彙進行演說，教授們覺得很棒，我自己也這樣認為……直到，我到印第安納州南方的鄉村地區第一次擔任牧師職務。我很快就發現，會眾裡沒有任何人對解析希臘文的動詞，和深入探討艱澀的神學有興趣。

每個星期聽我演說的那些人，就像下方故事中，聽著美國海軍軍械官鉅細靡遺解釋導彈運作方式的人一樣。聽完軍官解說後，那個人為了這場精彩的解說上前恭賀軍官，他說：「在聽這堂演說之前，我完全搞不清楚這些飛彈是怎麼運作的。」

軍官問：「那現在呢？」

「多虧了你，」那個人回答：「我仍然搞不清楚，但是困惑的程度更深了。」

當我發現我的「精彩」演說對任何人都沒有幫助時，我開始努力改變風格。這需要付出心力，但正如我說過的，我從一個想要讓人佩服的講者，變成一個想要影響他們的演說家。主要的改變就是從複雜變簡單，隨著我的句子變短，會眾人數就變多了。後來，我發現我所收到的最佳讚美就是：「牧師，我了解你說的一切了，它們非常有道理。」

在各種溝通形式中，簡單而直接的方法通常都是最好的。珍娜．喬治寫信告訴我，她在接受不同的工作職務後，就開始訓練一位要接手她原先工作的女士。

「我給她看我自己設計的表格，主要是為了跟外地辦事處的人溝通用的。」珍娜說。

「這種文筆看起來就像是國小閱讀課的程度，」那位女士用輕蔑的語氣評論：「我之後會用比較像成人溝通的口吻重寫。」

後來，珍娜有好幾個月沒有見到她，但等她們碰到面時，那位女士坦承，她設計的新表格太過複雜了，外地辦事處的人完全無法理解，所以只好用回原先的表格。

深奧複雜絕對不是溝通的解方——如果你真正想要的是與人連結的話。

兩大問題，幫你說重點

一位準備離開診間的女子，對醫師露出了疑惑的表情。醫師問她：「有什麼問題嗎？」「我也不確定。」那位女子說：「我比預約時間提早五分鐘抵達，你馬上就請我就診，在我身上花了很多時間。我聽得懂你說的每個字，甚至可以看懂你的處方，你真的是醫生嗎？」

在某些情況下，你不會期待對方清楚、精準、快速地表達，但有些情況下你會。如果你已經準備好聽某個人說話，結果他花了好長時間才說到重點，你就知道這下麻煩了。

邱吉爾（Winston Churchill）有一次提到某位同僚：「他就是那種演說者：在他起身之前，不會知道他要說什麼；當他在演說時，也不知道他在說什麼；等到他坐下之後，還是不知道他說了什麼。」這是多麼可怕的控訴。我曾聽過幾個這樣的溝通者說話，你應該也有吧？更遺憾的是，我曾經也是這樣的人！

所有優秀的溝通者，都會在他們的聽眾開始問：「重點是什麼？」之前，就講出重點。想要做到這一點，你必須一開始就知道重點是什麼。希臘劇作家歐里庇得斯（Euripides）曾說：「壞的開始會導致壞的結尾。」很顯然地，在你開始說話之前，就是思考你為何溝通的時機。

我在準備與人溝通時，無論是面對一百人的群眾，還是只有一個人，我都會問自己兩個問題：「我想要他們知道什麼？」和「我想要他們做什麼？」如果我對這兩個問題都有清楚的答案，那麼我就比較可能不會離題，說到重點並與聽眾連結。

在各種溝通的情境中，最困難的大概就是你得與另一個人當面討論不好的事情。由於我的職業負有領導責任，所以我經常需要與人當面談論棘手事件。

一開始，我對這樣的場面感到膽怯不安。通常我的策略要不是先講一大堆其他的事，最後才說壞消息；或是用暗示的方式，而不清楚明說問題何在。我花了好多年，才採用比較直接的方法，盡快說出該說的話。

普拉斯科製藥公司（Prasco Pharmaceutical Company）創辦人暨執行長湯姆・阿靈頓（Tom Arington），二〇〇九年和我在辛辛那提（Cincinnati）共進晚餐。當晚我們聊了好多有趣的事，包括領導人常常必須做的艱難決定。在談話中，他跟我分享當他與表現不佳的員工面談時，所採取的其中一項策略。他說：「當公司有人表現不好時，我會問他們兩個問題。第一個問題是：『你想要保住你的工作嗎？』這讓他們知道有問題了。第二是：『你希望我幫助你嗎？』這讓他們知道我願意幫他們。」這就是直接說出重點。

坦白說，我認為多數人寧願對方直接跟他們講重點，尤其是遇到棘手的狀況時，他們比較偏好單刀直入。這讓我想到一個有趣的故事，關於一個陷入兩難的員工。他的名字叫山姆，在其任職的小公司裡，除了他以外，每個人都簽了一份新的退休金計畫。這份退休金計畫內容是員工每次領薪水時，都要從薪資中提撥一小筆金額，但公司會負擔所有其他的費用。只有一個條件，就是全體員工都需簽字參與，這個計畫才能執行。

大家用盡各種方法要說服山姆簽名，他的同事輪流懇求他、責備他，老闆試著說服他，但是山姆都不為所動，他不想要領到的薪水少了任何一分錢。

最後，公司董事長把山姆叫進他的辦公室，對他說：「山姆，這裡是一份新的退休金計畫同意書。筆在這。你可以在同意書上簽名，或者你可以開始找新工作，因為你被開除了。」

山姆毫不遲疑地簽了同意書。

「好了。」董事長說：「那你為什麼之前不簽呢？」

「是這樣的，長官。」山姆回答：「之前沒有人這麼清楚地跟我解釋過。」

每個人都喜歡把話說清楚，即使那些總是不思考重點的人，也都想要知道重點在哪裡，而好的溝通者會讓他們知道。

當然，有的時候當人們以這種方式溝通時，是故意含糊其詞的。最常見的例子，就是當一個不盡責的員工請主管幫他寫推薦信時。當提出請求的人，不是主管真心想替他背書的人時，他們的回答就會非常有創意。下表中的例子摘自羅伯特・桑頓（Robert Thornton）所著《說謊者：故意模稜兩可的推薦詞》（*The Lexicon of Intentionally Ambiguous Recommendations*〔*L.I.A.R.*〕），你可對照表中這些話的「真實」含義。

如果與他人溝通，無論是跟孩子說話、主持會議，或是對一大群聽眾演說，你的目標應該是一跟他們建立連結後，立即說出重點，並且盡可能用最少的字數，對他們造成最大程度的影響。傑出的領導者和演講者一直都是這樣做。

美國的建國者喬治・華盛頓（George Washington）與班傑明・富蘭克林都因擁有這種特質而聞名。美國的第三任總統湯瑪斯・傑佛遜（Thomas Jefferson）曾寫下

推薦語	真實含義
在我看來，她總是情緒高亢。	她常被人看見在抽大麻菸。
他和我們共事期間，被表揚了好幾次。 （While he worked with us he was given numerous citations.）	他被逮捕過很多次。 （編按：原文 citations，也有法院傳喚之意。）
我會說他目前的工作浪費了他真正的天分。	他經常搞砸。
我很開心地說這位應徵者是我以前的同事。	他離開我們公司，我無法形容我有多開心。
你絕對無法相信這位女子擁有的證書。	她的履歷大部分都是假的。
他總會詢問有沒有什麼是他可以做的。	我們也經常在想這個問題。
你絕對不會抓到他在工作中睡覺偷懶。	他很狡猾，不會被你抓到。
他不知道「放棄」這個字的意思是什麼。	他也不會拼這個字。

這樣的內容描述他們：「革命之前，我與華盛頓將軍在維吉尼亞州的立法機關共事；革命時期，則與富蘭克林博士一同在國會服務。我從未聽過他們任何一位說話超過十分鐘，也沒聽過問題解決重點以外的其他內容。他們會扛起最關鍵的重責，知曉其他人會跟隨著他們。」如果我們也能這麼做，就會獲得他人的尊重，當我們說話時，增加與他人保持連結的機會。

重要的事，要說三次以上

好老師都知道學習最基本的原則就是重複。有人曾跟我說，人們必須聽一件事十六次，才會真正相信。這似乎很極端，但我真的認為，在溝通時如果你想要人們理解並認同你說的內容，關鍵就是重複。

威廉・雷斯德特（William H. Rastetter）在成為IDEC製藥公司的執行長之前，曾在麻省理工學院和哈佛大學教書，他說：「你第一次說某件事時，人們聽見了；第二次再說，他們確認了；說到第三次時，他們就學會了。」這個說法樂觀許多，但同樣強調了重複的價值。

如果你想要成為一個有效的溝通者，就必須願意**不斷地強調重點**。如果你想當的是有效的領導人，也是如此。

就算人們確實認同了一個願景，最後還是可能失去積極與熱情，甚至可能把整個願景拋諸腦後。正因如此，領導者必須不斷重複機構的價值與願景，員工（或教會與其他非營利組織的志工）才會知道這些價值與願景，想著它們並加以執行。

清楚闡述一個主題並不斷重複，是非常困難的事。最基本的程度，你可以遵循卡內基學院（Dale Carnegie School）講師們的建議：「告訴聽眾你將說什麼內容。說出來，然後再次告訴他們你剛剛說了什麼。」還有一個比較精鍊的策略，像是北點社區教會（North Point Community Church）領導人安迪．史丹利（Andy Stanley），所採取的方法。他是傑出的溝通者，也是我的好友。通常他會根據單一重點——一個大的概念，來規畫他要說的內容；接著他傳遞的一切，都在告知、說明、強調那個重點。這是一個非常有創意又有效的方式，可以確實說出重點，而聽眾也能真的與訊息進行連結。

前西諾烏斯金融公司（Synovus Financial Corp）的董事長吉姆．布蘭查（Jim Blanchard），每年都會在喬治亞州哥倫布（Columbus）舉辦領導力研討會。二〇〇九年，我很榮幸受邀演講，與會的講者還有普立茲獎得主、作家湯馬斯．佛里曼（Thomas Friedman），前美國眾議院議長紐特．金瑞契（Newt Gingrich），以及作家丹尼爾．品克（Daniel Pink）。丹尼爾在演說中提出下列見解：「要與他人連結，關鍵要素有三點。一簡潔，二易懂，和三重複。讓我再說一次！」他贏得了滿場喝采，同時與聽眾連結，因為他確實實踐了自己提出的內容——就在三十個字之內。我們都應該試著這樣做。

最困難的事——說清楚、簡單講

極富盛名的冠達郵輪（Cunard）「瑪麗皇后號」，一開始不是這個名字，最初的想法是將其命名為「維多利亞女王號」。然而，當冠達郵輪的主管被派到白金漢宮向喬治五世報告時，卻沒有把話講清楚。他告訴國王，公司已經決定將這艘宏偉的郵輪以「英國最偉大的皇后」來命名。「噢！」龍心大悅的國王說：「我的皇后一定會非常開心！」他以為那位主管說的是她。該主管沒有勇氣糾正國王的誤解，只好回公司解釋狀況，這艘船就被命名為「瑪麗皇后號」了。

一九七〇年代時，我的導師查爾斯．布萊爾（Charles Blair）曾告訴我：「**要確實理解，才不會有誤解**。」換句話說，你必須先在腦中確實搞懂一件事，才有辦法清楚地從嘴裡說出來。若人們無法清楚說明一個概念，這就表示他們對這概念的理解還不夠。當位居權威者沒有安全感或對資訊掌握不足，他們說話的時候最容易看出這一點。前奇異公司（GE）執行長傑克．威爾許（Jack Welch）指出：「沒有安全感的經理人會製造複雜化。戰戰兢兢、緊張的經理人，會使用厚重繁雜的規畫書和眼光撩亂的幻燈片，塞滿他們從小到大所知道的內容。」

我曾經擔任某個機構的領導人，並將一位職業海軍留任機構營運長。在我就任之前，他已經建立起一本厚重的政策手冊。這本手冊令我想起大衛．伊凡斯（David Evans）的觀察。他批評軍方的溝通方式，以原本一句簡單的陳述句在武裝部隊中進行多次修改的過程為例，進行說明：

- 初稿：對智者說話，一個字便已足夠。
- 二版：對智者說話，一個字或許便已足夠。
- 三版：一般相信，對智者說話，一個字或許便已足夠。
- 四版：有些人相信在某些狀況下，對智者說話，一個字或許便已足夠。
- 五版：跡象顯示，有些人相信在某些狀況下，對智者說話，一個字或許便已足夠，雖然在不同的情境中會有所差異。這個結論可能禁不起詳細的分析，僅限在完全符合基本假設情況下，才能使用的一般判斷。

這位營運長的手冊實在太厚重複雜，我看到它的時候，心想如果連我都看不懂了，我的員工怎麼有可能理解並遵守。於是我把它丟了。

如果你準備要與聽眾溝通，最好採用專業演講者彼得·梅爾（Peter Meyer）的建議：

> 許多講者會在演講中放入太多內容，一個小時內，你能涵蓋的內容有限，而且還期待聽眾能吸收學習。我們已經開始遵守一個特定模式，以確保我們不會打破這個規則，我稱之為「拼圖管理」。
>
> 當你列出你的想法時，想像你要請聽眾從頭拼出一幅大型拼圖，而你的想法就是那一片

片的拼片。

當你拼圖時，第一件事情就是看看盒子上的圖片。你的演說也應該有一幅這樣的圖片，它能告訴你需要呈現的是哪些片段。

現在，你的拼圖有幾片想法呢？要記得，在一個小時內要拼好一千片的拼圖，比一百片的拼圖難上許多。如果你的想法不是只有少數幾個，那就是太多了。我會保持我的演說最多只有三個想法，就算如此，一個小時要講清楚三個概念可能還是太多。

在你開始組織演說內容之前，再問自己另一個問題。如果你要玩拼圖，而你只有一個小時可以完成，你會希望給你拼圖的人把完整圖片藏起來嗎？你會希望那個人在那一疊拼片中又加進更多片嗎？當你演說時，就不要犯同樣的錯誤。

換言之，無論你覺得那些想法有多精彩，除非它能完美符合你盒子上的圖片，否則不要加進去。

其次，當你開始演說時，一定要告訴聽眾盒子上的圖片是什麼，告訴他們你即將展示的東西，以便他們知道你的想法會落在哪裡。

到最後，**真正說服人們的，不是我們說了什麼，而是他們理解了什麼**。當你講得清楚又簡單，就有更多人能理解你試圖表達的東西。身為一位溝通者，簡單並不是缺點，而是優點！作家暨評論家約翰・羅斯金（John Ruskin）曾說：「在這世界上，一個人所能做最偉大的事情，就是看到某樣東西，並以簡單清楚的方式告訴其他人。數百個會說話的人當中，只有一個會思考；但在數千個會思考的人當中，只有一個能看得明白。能看得明白又清楚地告訴其他人的，便是詩歌、預言與宗教的集合體。」

愈簡潔扼要，人們記得愈清楚

前陣子，我準備在某個活動中進行演說，而那個活動行程排得太滿，結果所有活動時間都被拖延。隨著一分一秒過去，該我上台的時間快到了，我看得出主持人愈來愈焦慮。等到我準備上台時，他緊張地解釋，我的演說原先排定一個小時，但已經被縮短為三十分鐘。對於這個狀況我表示沒關係，並試著安撫他，「別擔心，我會像『外送披薩』一樣，如果我沒有在三十分鐘內講完，你就不用付我錢了。」我快速地做了些調整，結果一切都很順利。

許多人會非常保護他們在台上的時間，或是在會議中發言的機會。他們熱愛站在台上，對他們而言，可以站在他人面前的時間愈長，他們就愈開心。的確，我承認我也很享受與人溝通，這令我精力充沛。就算主辦方要求我在研討會上演說一整天，結束時我依然興致高昂，而不會筋疲力盡。但同時我也發現，當我演說的時間愈短、愈簡潔扼要，人們記得的就愈清楚也愈久，這不是很諷刺嗎？

花點時間想一下，這些年來你聽過的老師、講者、牧師、政治人物和領導人演說，其中有多少比例是你離開會場時，心裡想著：「真希望他能講久一點，剛剛那時間太短了吧？」我敢打賭這個比例一定非常小。不幸的是，超過九成的狀況是，這些人會在溝通時逐漸令人生厭，他們就像林肯所說：「他可以用最多的字來陳述一個最小的觀念，甚於我認識的任何人。」

企業主管溝通教練安．古柏．瑞迪，在她的著作《即興發揮》（*Off the Cuff*）中提出了以下建議：

開始與結束，都要準時。更好的是，稍微早一點結束。就算你是一位付費邀請的演講者，想要讓主辦機構印象深刻，他們才知道錢花得很值得，你就得在結束的幾分鐘之前，用一個特別好的答案結束你的演講。

根據雷根總統的演講稿撰寫人佩姬．努南（Peggy Noonan）所說，雷根相信沒有人會想要心懷敬意地坐在聽眾席，沉默超過二十分鐘。那麼，就提供二十分鐘的問答時間，大家就可以回家了！

沒有什麼比困住聽眾一整晚更糟糕的事了，不要愛上你自己說話的聲音，你會因為又多說了一點，而毀掉你先前做對的所有事情。早一點結束，可以讓所有人事物都留在正面的印象，或許下次就會想要聽你講更多。

溝通的時候，你幾乎不會因為保持簡短而出錯，但如果說得太長，就會有數百萬種出錯的可能發生。

我所收到過最熱烈的喝采，就在我最簡短的演講之後。那是一次慈善高爾夫球活動之後的宴會，那一天非常漫長，我們全都參加了比賽，而整體活動實在拖得太長，我可以看出所有參賽者都疲憊而躁動不安。

終於在三個小時的活動結束後，司儀向聽眾宣布我將以專題演講嘉賓的身分上台，跟大家談談領導力。在一陣只能稱之為禮貌性的鼓掌後，我走上演講台，說道：「今天是很漫長的一天，節目也進行了很久，我們多數都很累了。所以，我要說的領導力就是：領導力決定一切成敗。」

接著，我便走下講台、坐了下來。

經過一陣目瞪口呆的沉默後，突然之間，聽眾爆出了如雷的掌聲。所有人都帶著感激，起身為我鼓掌喝采。我跟你保證，那是他們永生難忘的演說！

不過，我不是建議你使用只有九個字的演講。（那是我超過四十年的演講生涯中，唯一做過的一次。）多數時候，你是被要求演說的，你的主辦人對你有很多期望，他們期待你為聽眾增添價值，而這很少能用短短幾個字辦到。但只要你在溝通時，無論是對一個人還是一百個人，試著讓內容保持簡單，絕對是個很好的觀念。沒有人會因為你說得晦澀難解，而給你更多讚賞。

邱吉爾大概是二十世紀最偉大的溝通者。他是一位傑出的領導人、一位激勵人心的溝通大師，以及一位成就卓越的作家，於一九五三年獲得諾貝爾文學獎。他不斷重申讓溝通保持簡單的重要性，他說：「所有偉大的事物都很簡單，而且可以用一個簡單的詞彙表達：自由、正義、榮耀、責任、仁慈、希望。」還有「廣泛地說，簡短的字是最好的，而老格言更是最棒的。」

這個說法似乎違背直覺，但如果你想將溝通提升到下一個層級並與人連結，就不要賣弄智識讓他們欣佩，或是用太多資訊強壓他們。給他們清楚又簡單的內容，人們就會與你共鳴，和你連結，而且他們會想要再次邀請你回去與他們溝通。

連結練習：連結者努力讓事情化繁為簡。

關鍵概念：團體愈大，溝通內容就必須愈簡單。

∞一對一連結

幫助另一個人理解你要說的話，通常很容易。為什麼呢？因為你可以根據對方的個性、經驗和智識，來調整你的內容。而且如果你傳達得不夠清楚，或許可以從對方的表情看出來，你也可以回答他提出的疑問。當然，這並不代表你可以偷懶。如果你想和對方連結，不要只是講出一大堆資訊，你應該努力讓內容更簡單。你的話愈容易理解，就愈有機會和聆聽的人連結。

∞在團體中連結

面對一個團體溝通，比一對一溝通更複雜一點點。你必須讓一個以上的聽眾理解你的話，所以請務必簡化它們。你絕不能只是把一大堆資訊「倒在」人們身上，並期待他們自己去搞清楚，這是懶惰又無效的做法。如果你得到一個發表的機會，就要努力讓溝通變簡單。要確認你的溝通有效，得這樣做：

◆詢問意見回饋。

◆要求團體成員分享他們剛才學到的內容。

◆詢問團員，他們要如何把你剛才說的內容轉達給其他人。

∞與聽眾連結

要讓溝通簡單卻容易記憶，是一門真正的藝術，我花了好多年在學習怎麼做。兩個傳遞訊息的好方法，那就是問自己：「為了讓人們理解，我需要傳遞出的最基本觀念是什麼？」以及：「我要怎麼讓人們記住這些基本觀念？」

還有一個訣竅，優秀的領導者會用來琢磨訊息以傳遞重要觀念，比如傳達願景時，藉由先告訴一個人來練習。如果對一個人的傳達效果很好，那麼再選一小群人來試試。這樣一來，溝通者可以看到人們的表情，看看怎麼做才管用，同時得到人們的回饋。（有時我這麼做時，甚至會請他們向隔壁的人解釋我剛才說的內容。）演說家只有在重要的溝通內容經過測試後，才會進一步告訴群眾。

08

一封信、一個畫面與故事，你如何製造人人享受的經驗？

你會用什麼字去形容與你確實連結的最佳溝通者？富娛樂性？充滿活力？有趣？如果多給你一點時間，或許可以寫出一長串的清單。現在想想你不在乎的人，那些沒辦法與你連結的人。如果我請你只用一個字形容他們，你會說什麼？我願意打賭那一定是「很無聊」，這是用來形容某個無法與他人連結者的最佳詞彙。每一天、在每個地方，都有數百萬放空的雙眼出現在教室、演講廳、教會、會議室和客廳裡，因為說話的人並不有趣，導致他們無法連結。

你坐在教室裡聽過的課程中，有多少內容是你確實記得的？記得的對話有多少次呢？或是演講？你記得的每一次，都可能已經有數千次是你不記得的。企業演說教練傑瑞．魏斯曼指出：「在人類活動中，很少有像簡報使用這麼頻繁，卻仍做得如此差勁的。最近有個數據估計，微軟的 PowerPoint 每天大約製作出三千萬份投影片，我很確定你一定也參與了不少。但它們當中有幾個是真正被人注意、有效益，又有說服力的？大概只有極少數吧。」

不過，我有個好消息：無論你目前在這個領域的技巧程度如何，你都可以讓它更好。「有趣」是可以學習的，我確信這點，因為我的個人經驗就可以佐證。在剛開始演說的那幾年，我不是一個有趣的講者。事實上，我在做第一份工作之前，大學時期接受過一場評估創意程度的測驗，我的分數是班上最低的！我那時心想：「噢不，我會變成另一個無趣的牧師。」

從那個時候開始，我十分紀律地為我的演說蒐集名言佳句、故事和範例。我想，如果「我」的人不太有趣，至少要把一些有趣的內容加進演說裡。

當然，無論你多麼努力要與人連結並試著變得有趣，你也無法取悅所有人。在孩子們都還很小的時候，我是個全職牧師，幾乎每個星期天都要布道。星期六的晚上，當我和女兒伊莉莎白一同禱告時，她常會這樣祈求：「親愛的上帝，請幫助爹地明天不要很無聊。」我也曾在某個星期天早上，不經意聽見她跟弟弟喬爾波特說，要帶多一點東西去教會，因為我要布道。

我能說什麼呢？我就像下方故事裡的牧師一樣，他的女兒問他，為什麼他總在走上講道壇前禱告。

「親愛的，」他回答：「我這麼做，是要請上帝在我布道時幫助我。」

小女孩想了一會兒，回應：「那為什麼祂不幫你呢，爹地？」

我無法怪罪我的孩子。身為在教會裡長大的小孩，星期天早上我的禱告詞通是這樣：

現在我要躺下睡覺了，
布道講得好長，主題講得好難。
如果他在我醒來前講完，
我想請求某人：「把我搖醒。」

我和我的兄弟姊妹，通常都跟我的孩子們有一樣的感覺——很無聊。我們接觸到大部分的牧師，都跟雷根總統最傑出的講稿撰寫人佩姬．努南建議的相反，他們所做的都是她所謂的「吊床演講」：「這種演講有強壯的樹幹支撐著一邊，就是開頭；然後有另一個強壯的樹幹撐著另一邊，就是結尾；而在中間，有個柔軟的區域，我們全都在這裡睡著了。」如果你想要與聽眾保持正向的連結，千萬不要這麼做！

別做「墓地溝通」！運用趣味，讓聽者「活過來」

這數十年來，我做過數千場演說與溝通後，學到一些事，是關於如何讓人覺得你有趣，以及如何讓溝通變成每個人都享受的經驗。我要把所學精華呈現給你，這是我從一對一工作、帶領團隊，以及面對聽眾演講時學到的。

當你準備進行溝通時，無論對象是一個人、一百個，還是一千個人，以下七大要項做到愈多愈好。

你總是在做「墓地溝通」？快學會負責！

我經常聽到演講者在談論他們遇到的壞聽眾，通常是描述這些人沒有好好回應他們的演說內容。我覺得他們搞錯了，一般而言，**沒有所謂的壞聽眾，只有壞講者**。如果聽眾睡著了，就得有人上台去把那位演講者叫醒！

布蘭特・費爾森（Brent Filson）的著作《高階主管演講》（*Executive Speeches*），是從五十一位執行長的經驗中，整理出演講的建議。其中一位執行長寫道：「憲法保證你的言論自由，但是沒有保證你有聽眾。就算你得到了一些聽眾，也不保證他們會聽。所以你身為講者的首要責任，就是得到並抓住聽眾的注意力。不管你的目的是什麼，你能獲得成功的最大機會，就是你明白他們的注意力是你一個人的責任。」即使在艱困糟糕的外在環境中，傑出的溝通者還是會為聽眾對他們的反應負責。

幾乎每個人都聽過以下這個說法：「你可以把一匹馬牽到水邊，但你無法逼牠喝水。」這或許是真的，但你可以餵馬吃鹽讓牠口渴，同樣是事實。換句話說，你可以努力讓聽眾保持關注。

當我在演說時，我覺得讓它成為一場令人享受的學習經驗，是我的責任。我要怎麼抓住他們的注意力？必須做什麼才能讓他們記住這次的演說？我要怎麼抓住他們的注意力，並讓他們持續注意我直到最後？

然而很多人站在聽眾面前時，往往會預期他們「理解」講者講述的內容，並且給予恰當的回應，都是聽眾的責任。他們有一種「不聽就拉倒」的心態，這是天大的錯誤，我將其稱為**「墓地溝通」：很多人在那裡，卻沒有人在聽**。為了避免成為那樣的演講者，溝通時我會承擔起責任。我絕不會忘記要讓聽眾感到興趣、帶動他們的情緒、享受這個經驗，以及為他們添加價值，是我的工作。如果我能做到，就完成了我的目標，與他們連結了。

寫書時，我試著保持同樣的心態。剛開始寫作時，我常覺得無法維持讀者的興趣。一對一的時候，我是個相當健談的人；擔任講者時，我學會運用魅力來吸引聽眾。我對人表現出真實的興趣，使用正面的肢體語言、臉部表情和語調，來留住人們的興趣。我很開心，聽眾通常和我一樣度過愉快的時光。

然而作為一名寫作者，我不再擁有這些優勢。我經常在想，要怎麼讓我的書變有趣。當我讀到關於歷史學家芭芭拉．塔克曼（Barbara Tuchman）的事蹟，這才豁然開朗。在她寫作的那些年，她的打字機上一直有個小小的標示寫著：「讀者會翻到下一頁嗎？」她並不將讀者的反應視為理所當然，而是為此負起責任。

在我拿著筆記本寫作的這些年，我也不斷問自己同樣的問題，它提醒我要為讀者的興趣負責。

開始寫作時，我會想：「什麼理由讓我想讀這個？」寫完一章後，我會試著用可能拿起這本書的讀者觀點去看它。「是什麼原因促使他們翻到下一頁？什麼因素會鼓勵他們看完這本書？」

當我與一小群人相處時，也會負起責任，創造大家都愉快享受的經驗。如果共進晚餐，我會努力營造好的對話氣氛，我會想：「說些什麼可以讓大家都參與對話？我要怎麼吸引他們？」如果帶朋友出遊或是到城裡玩樂一晚，我會試著創造回憶。舉例來說，幾年前，我邀請丹與派蒂・瑞藍（Patri Reiland），提姆（Tim）與潘・艾爾摩（Pam Elmore），和我與瑪格麗特一起到紐約市過週末。有一天晚上，我們到位於中央公園的綠苑酒廊（Tavern on the Green）吃晚餐，那個餐廳也是觀光客必定造訪之地。晚餐後，我們想要去梅西百貨（Macy's）逛逛，但我們不是走路或搭計程車，而是雇了二輪式人力車，一對夫妻坐一輛車。為了讓經驗更難忘，我告訴三位司機，這是一場比賽，誰最先抵達梅西百貨，就可以拿到額外的五十美元小費。

你可以想像那時的景象，司機們一出發，我們立刻情緒沸騰。他們在車陣中不停穿梭，超越彼此，有好幾次我都覺得快翻車了，那是我們搭過最刺激的兩哩路，一段至今仍很棒的回憶。

你可能會覺得給司機五十美元小費有點誇張，或許是吧，但是你會為美好的記憶標價多少錢？它讓我們互相連結了！也是我們所有人到死都會記得的事。我會說這個錢絕對值得——努力也是值得的。身為領導人，我相信給人們樂在其中的經驗，是我的榮幸也是責任。身為一個丈夫、父親，現在還當上祖父，這對我而言更是重要，創造正面、記憶深刻的經驗，對連結一個家庭的重要性甚於一切。我強烈鼓勵你為此負起責任。

「走進」他們的世界，再溝通

在我童年時期，父執輩通常不像現代的父親會分擔教養責任，那個年代的男人和女人通常是活在不同世界裡。在那個用布尿布的時代裡，有一個熱愛棒球的男子，跟他的太太一起外出吃飯，而他們的孩子開始哭泣。這位女士一整天都在照顧小孩，已經累壞了，所以她叫丈夫去幫兒子換尿布。「我不知道怎麼幫寶寶換尿布。」這位丈夫說，試圖逃避這項工作。

「聽著，渾球。」她對他露出了兇狠的眼神。「你把尿布攤開，就像棒球場一樣，把二壘放在本壘板上，把寶寶的屁股放在投手丘，把一壘和三壘綁起來，再把本壘塞到下面。如果開始下雨，比賽就不算完成，你得重新開始。」

如果你想把訊息確實傳遞給對方，就得學習怎麼在他人的世界裡溝通。與人連結需要這項技巧。然而多數狀況下，溝通者不願意或沒辦法走出自己的世界，從聽者的角度去說話。這種狀況發生時，連結是不太可能發生的，實際上還會在講者和聽者間製造隔閡。

資深經理工程師拉爾斯．雷留言評論：

我經常被要求為發展出的新產品解釋想法與提出解決方案，但除非我是和其他每天照三餐接觸這個東西的工程師講話，否則其他人聽起來就會覺得內容乏味無聊。因為聽眾裡總是有人來自管理階層、領導階層或財務團隊，我也必須為他們負起責任，確保我說的內容在所有與會者聽起來，都是有意義且可實行的……而不是假設他們能理解工程師的術語。

早期我的溝通挑戰之一，來自於我以為聽我說話的人都跟我一樣，對我要說的主題很有興趣。我會花一整個星期準備週日的布道內容，我以為會眾會帶著跟我一樣期待的心情迎接週日。但事實上，他們都過著自己的生活——工作、與家人共度時光、做日常瑣事、運動、拜訪朋友等，沒有人真的屏息以待要聽我講道。而當星期天來臨時，我也無法期待他們會進入我的世界。如果我想要連結，就必須到「他們的世界」去找他們。

這個道理同樣適用於商業界，尤其是銷售員和其他必須服務客戶的人。演說家、講師與作家泰莉・秀丁（Terri Sjodin）說：

一般而言，在我們告訴潛在客戶的話語中，他們只會聽進一半。一個小時還沒過去，已經失去原本聽進那一點點的一〇%。再過一個晚上，你猜怎麼樣？又蒸發了二〇%。

等到早餐繁忙時間過去，在高速公路上避開兩次差點發生的擦撞，進辦公室發現桌上有老闆留的字條，這時又忘記了另外一〇%。所以在這整段時間裡，我們以為潛在客戶會思考我們的提案，其實他早已一點一滴地遺忘。

想要在他人的世界裡與他們連結，你就不能只活在自己的世界裡，你必須把自己想說的內容，與他人的需求連結在一起。**人們不會記得我們覺得很重要的事，只會記得他們覺得很重要的事**。這就是為什麼要盡可能避免使用抽象的詞彙，要讓自己說的話跟他們有切身關係。

如果你是公司領導團隊的一分子，不要說「管理階層」相信什麼，或「領導階層」打算完成什麼，而要具體說出你們在做什麼。如果你在和員工說話，不要講得好像他們不在現場一樣，直接提及他們。更好的做法是，無論何時都能語帶信心，當你在談論團隊中的每個人時，就用「我們」將你的聽眾含括其中。有句老話就是這樣說的：

> 朝我說話，你就是自說自話，
> 對我說話，我就會聽你說，
> 談論關於我的事，我就會聽你說上好幾小時。

任何你可以用來提及聽眾、使用他們的詞彙與其交流的方法，都能幫助你連結——只要你保持真實性。你不能假裝自己是另外一種人，當你用他人的語言說話時，你仍必須做你自己。

別讓人們關機！一開始就抓住注意力

管理顧問米娜．莫洛斯基（Myrna Marofsky）曾調侃：「**現代人的腦中都有個遙控器，如果你沒抓住他們的興趣，他們就把你關掉。**」你是否也曾發現，在你開始說話後，人們很快就會「離場」？我有發現。身為一個演講者，我發現在人們選擇專心或關掉之前，我擁有的時間並不多。一旦他們關機，我就得非常努力才能贏回他們——如果我真的做得到的話。這就是為什麼我在溝通時，會傾盡所能給他們好的第一印象，並營造好的開始。

每一個人隨時都在迅速地評估我們，這不僅發生在我們面對團體溝通時。如同桑雅．漢林所說，從他人第一次看見我們的那一刻起，他們就有意識或無意識地評估我們，決定要繼續聽我們說話，還是就打發我們。她說：「如果我們沒有在一開始的瞬間抓住他們注意力，那麼就是：『不好意思，我看到一個朋友。』接著他們就走了。」

大多數時候，我們對人會有一種直覺反應，不是被他們吸引，就是相反。我知道自己就是這樣。當人們對我微笑、有眼神接觸，試著以某些方式跟我接觸，像是打招呼或伸手與我握手時，就會讓我對他們有比較正面的感覺。

我在對一群聽眾說話時，會試著用比較正向的方式開頭，如同我一對一的溝通方式。更精確一點地說，以下是一些我會做的事。

從談論周遭環境開始。經驗豐富的溝通者在說話之前，他們會注意周遭各種狀況，留意正在發生什麼事。他們會試著知道先前是誰說話，以及聽眾有什麼反應，他們會注意別人提過的各種評論。接著當他們上台演說時，就會好好利用那一切。

下一次你演說時，根據每個人才剛經歷過的事情，說一些相關內容。這樣一來，會讓你和聽眾站在同樣的位置，並幫助他們覺得與你有所連結。

自我介紹。通常我在演說時，第一件事就是問大家：「嗨，我的名字是約翰，你叫什麼名字呢？」當聽眾席中的多數人對我喊出他們的名字時，會形成一陣情緒高亢的騷動，然後我們全都會因此笑開懷。這聽起來可能很老套，但它可以有效破冰，人們會開始覺得與我有了連結。

放輕鬆。在前面的章節裡曾提過，我發現當我坐在椅子上，面對聽眾時能更加放鬆。這讓聽眾知道我很自在，希望他們可以有同樣的感覺。我的姿勢顯露出這個人想與他們對話，而不是對他們說教。當我輕鬆自在且享受這個經驗時，聽眾就比較可能享受愉快的經驗。如果你能找到一個方式，讓聽眾知道你很放鬆，但全心與他們同在，通常就可以讓他們也感覺自在。

從幽默的話語開始。有一次，我在某場久到好像永遠都不會結束的宴會上，擔任專題演講嘉賓。等到我終於起身演說時，開場就說了以下這個故事：「威廉．亨利．哈里森總統（William Henry Harrison）的就職演說，用了八千五百七十八字，是有史以來最長的。他在一個酷寒的天氣中讀稿，而且堅持不穿外套或戴帽子。那天他染上了感冒後來惡化成肺炎，一個月之後他就過世了。」接著我又說：「身為演講者，我從這個歷史中學到了一點教訓。我會穿戴暖和，而且我跟你們保證，我的演講會很短。」現場爆出哄堂大笑，大家都明白我會讓這一段演說充滿樂趣，而且我們也達成連結。

製造期待感。在許多場演說開始時，我會告訴聽眾，我將會為他們的人生增添價值。通常我會說：「你即將學到一些東西。」然後請他們把這句話告訴鄰座聽眾。當大家轉頭跟彼此說話時，會場中的活力就增加了，期待感也開始攀升。而當我請他們再跟鄰座的人說：「差不多就是現在了。」他們會笑出來，許多人還會真的轉答。對大部分人而言，這做法蠻有趣的，而且做完後，他們會覺得與我和其他人都更有連結了。

當然，我不建議你執行我做的每件事，對我有效的方法，對你未必有效。在你溝通時，必須找到自己的風格，試驗各種適合的方式。但大原則都是一樣的，你得盡早找到與聽眾連結的方法，讓他們感覺輕鬆自在，並讓他們一開始就覺得有趣。試著找出讓這個經驗可以變得更愉快享受的方法。

讓聆聽者「活過來」的方法是？

跟積極充滿活力的人溝通很容易，但跟被動消極的人溝通就困難多了。遇到這種狀況時，你該怎麼做呢？你應該繼續進行，並祈求有最好的效果嗎？當然不是，你應該努力讓聽眾活動起來，讓他們參與。

每當我在演說時，會從溝通對象身上尋找是否投入的跡象。我會看看他們有沒有在寫筆記，看他們肢體是否展現出「聆聽者的專注前傾」。他們跟我有眼神接觸嗎？他們有因贊同或理解而點頭嗎？從我說的內容中，我是否聽見一些回應？人們在笑或鼓掌嗎？如果有一些活力的跡象，那很棒！

如果沒有，那麼我就會努力試著讓聽眾參與，以下是一些方法。

問問題。無論你是一對一溝通，還是面對一大群聽眾，問問題能在你與聽者之間製造連結。這對於釋放能量及提升他們的興趣程度非常重要。因為我的聽眾差異性通常很大，所以當我要開始演說時，有時會問他們來自哪一州，然後我會針對不同的地點說些玩笑話。或者，我會提出一個跟主題相關的問題。藉此試著讓人們馬上參與。

我繼續說下去時，通常會問一些涵蓋性更廣泛的問題，大多是九〇％的人都會回答的題目。例如，如果演講主題是失敗，我就會問類似這樣的問題：「你們有多少人一生當中至少犯過一次錯誤的？」這通常會讓聽眾笑出來，他們也會舉起手。大部分人都想要感覺是這個經驗中的一分子，然而他們並不想要在團體中太突出，所以如果你問太精細的問題，他們就不願意舉手了。

我推薦你試試看，但一定要從最保險的方法開始——一個能得到許多回應的問題，甚至是承認的笑聲。接著再問一個問題，讓氣氛持續活絡。一旦他們了解你的用意，就會喜歡這麼做。

在非正式的場合中，我也會提出問題。在我與人共進晚餐前，都會先想幾個要問他們的題目，像是：「這個月你遇到了什麼令人興奮的事情？」或「你最近讀了什麼好書？」我不會被動等待人們參與，而是做些事情邀請他們加入。

讓人們動起來。當我在對聽眾演說時，通常活動都是持續一整個早上或下午。有時大家已經坐了很久，我會請他們起身伸展一下。大約每隔三十分鐘，多數人都需要動一動。肢體伸展，能讓每個人在活動排程間有喘氣休息的時間。

有時候我會請大家在座位上運動一下。比如說，當我在講述改變有多困難，或當我們嘗試新事物時感覺有多難，我就會請他們將雙手十指交扣、握在一起，每個人在做這個動作時，一定習慣某隻手的大拇指在上，所以我會請他們再一次雙手交握，但這一次要讓另一隻大拇指在上。因為感覺不適應，一定會引起人們反應，結果房間裡的活力就被帶起來了。

讓人們活動一下，適用於團體和一對一時。你可以為團體規畫一些活動，幫助他們更有活力。而當你和某個人會面，溝通變得有點遲滯時，你可以和對方一起去散步，或是換個位子坐。肢體的活動有助建立心理的活動。

請人們互動。雖然這點並非每種情境都管用，但有時我會請聽眾們彼此互動。像是請他們跟周圍的人自我介紹，或是請他們跟鄰坐的聽眾分享想法，又或是讓他們分成小組進行討論。

重申一次，這需要人們的參與投入，通常也能提升會場中的活力。主要的重點是，為聽眾帶來活力以及努力讓他們動起來，是演講者的責任。

讓人們不小心就記住的內容

所有傑出的溝通者都有一個共同點：他們說了某個內容，讓人們在演講結束後的許久仍印象深刻。以下是一些例子：

- 派屈克．亨利（Patrick Henry，美國政治家）：「不自由，毋寧死。」
- 納珊．海爾（Nathan Hale，愛國人士）：「我很遺憾我只能為國家貢獻一次生命。」
- 林肯：「一個民有、民治、民享的政府。」
- 邱吉爾：「絕對、絕對、絕對不放棄。」
- 甘迺迪：「別問你的國家能為你做什麼，要問你能為國家做什麼。」
- 馬丁．路德．金恩博士：「我有一個夢。」
- 雷根：「戈巴契夫先生，推倒這堵牆。」

如果你希望人們記得你說的話，就必須在正確的時間、以正確的方式，說出正確的內容！

在我職涯早期，通常只會說出我腦中所想的內容，卻不怎麼注意陳述方式。隨著我漸漸了解表述形式的重要性後，我就更用心研究它，但說實在的，一開始我的努力其實很蹩腳。不過我繼續加強，過了許多年，我才終於學會能讓人們記住的說話方式。接下來，我想跟你分享一些我學到的事情。

把你要說的話與人們的需求連結。沒有什麼比符合需求更能讓人記住你的演說了。當邱吉爾說：「絕對、絕對、絕對不放棄。」那時英國人民正面對納粹征服整個歐洲的威脅。當金恩博士在林肯紀念堂告訴人們他有一個夢時，他們正需要他的激勵來繼續爭取公民權利。

當某些話語與他們最大的渴望連結時，人們就會去注意。如果你遵從我的建議，與人溝通時以共同點切入，並且努力進入他們的世界與其對話，那麼你就更有機會知道他們的需求和想望是什麼，因此增加你與他們連結的能力。

找到成為原創的機會。研究顯示，在可預期性與影響力之間有直接關連，聽眾認為你愈能被預料到，你對他們造成的影響就愈小。相反地，如果你把可預期的程度降低，就能提升你的影響力。若是聽眾每次都知道你會說什麼，他們的注意力就會離你而去。

產品經理喬瑟夫．馬勒在留言中分享，自己對抗可預期性的方法，是在商業環境中變魔術。而羅伯特．基恩牧師則是說，有一次他把花瓶裝在塑膠袋裡，再用鐵鎚敲碎，以獲得聽眾的注意力——但他敲得太用力，玻璃碎片噴得到處都是。羅伯特說：「我試著穩定心神時，會眾已經笑到東倒西歪了。」還有傑夫．羅伯斯提到，在研讀商學創業學位高年級時，他選了一個無聊的專案報告，把它轉化成蘇斯博士（Dr. Seuss，著名童書作家）風格、帶有押韻的報告，還搭配一張故事書的海報板，結果獲得了滿堂喝采。傑夫說：「我們教授向來以給分嚴苛出名，結果他給了我們一百分，這是前所未聞的事。他說他從沒有看過像這樣的報告，也從沒看過台下同學像這次一樣，聽得那麼專心投入……藉由創造出一個大家都享受的經驗，我們得以改善制式的課堂報告、吸引聽眾注意，而且為這群努力的學生們，創造了在畢業前有趣又歡笑連連的一天。」

運用幽默。有句諺語：「喜樂的心乃是良藥。」就算聽眾不記得你說的部分重點，他們通常會記得你的幽默感。畢竟，大家都喜歡幽默，尤其是自嘲式的幽默，它顯示出演講者的人性化。比起把自己看得比其他人崇高，只要懂得開自己玩笑，就能讓他更能與人連結。林肯總統以「人民的總統」聞名，他就經常自嘲，歷史高度推崇他富有人性化的特質。這是每個溝通著都應該擁有的技巧。

使用令人驚訝的陳述或數據。我永遠不會忘記南西・畢區寫下一段關於貧窮的內容：「每一年有六百萬名五歲以下的孩童死於飢餓。每一天，世界上每七個人之中就有一個是餓著肚子睡覺的。而世界上最有錢的三人所擁有的財富，加起來超過世界上最貧窮的四十八個國家的國民生產總值。」

你不覺得這些數字很令人震驚嗎？我覺得，這就是為什麼我會一直牢記腦海裡。如果你要講的主題，擁有抓住人們注意力的資訊，就使用它吧。

當然，你也可以幽默地運用數據來與人連結。杜克．布雷克斯說：「關於統計數據，我最喜歡一則出處不詳的名言：『三七．五%的統計數字，都是當場編出來的！』這總能引人發笑！」**用有趣的方式陳述事情**。如果你只是單純告知他人資訊或溝通想法，卻從沒有想過你使用的詞彙，那麼你就錯過了連結的機會，也無法讓人記得你說的話。比較一下這些用詞：

- 一個人必須犧牲才能爬到頂端。↓你得放棄才能得到。
- 要影響他人，人際關係很重要。↓如果人們無法與你相處，他們就不會與你同行。
- 除非人們知道你在乎，否則不會聽你說。↓除非人們知道你有多在乎，否則他們不會在乎你有多懂。

只要你能用新鮮或靈巧的方式談論某件事，人們就比較可能會注意聽你說。

學習停頓。**與人連結是條雙向道，它是對話，而不是獨白**。只要你開始毫無停頓地說個不停，人們的注意力就會跟著渙散。然而如果你懂得停頓，就算是一下下，就能給他們思考你剛才說了什麼的機會，同時提供他們頭腦必要的休息。

而停頓的最佳時機，就是你在說某件特別重要的事情時。

許多人會對沉默感到不安，我則將它當成我的朋友。當我在溝通時停頓，我就是在傳遞這些訊息：「這很重要……想一下……思考一下剛才說的內容……在你的心裡替它畫重點。」我很重視每次的停頓，因為它能讓人們跟上值得注意的內容。我對任何想要與人連結者的建議是：要對沉默感到自在，並學習讓它成為你所說的事情的驚嘆號。

你的內容有「畫面」嗎？

許多人是透過視覺來學習，而在當前這個時代，利用電視、電影、YouTube，以及其他視覺溝通形式，人們所看到的東西變得愈來愈重要。曾經有段時間，人們會聚集在收音機旁，坐著收聽新聞或娛樂節目，但那種日子已經過去。

在我擔任牧師那段時期，對我的溝通方法影響最重大的一本書，就是凱爾文·米勒的《被賦予權力的溝通者》。在書中，他以一個假想的聽眾身分，寫了一系列書信給演講者。其中一封信是這樣寫的：

親愛的講者：

這個世界從未脫離它對真理的喜愛。到目前為止，我成為教會成員已超過五十年。這段期間我們必定經歷過二十位以上的牧師，我不太確定，他們都沒有待得非常久。他們每一位都講述真理，事實上，他們可以用真理讓你無聊好幾個小時。這些牧師當中，只有一位是我們真的非常想要留住的，他用有趣的方式講述真理。

有一次，他特地穿上浴泡假裝他是大衛王，真的很有趣。另一次，他假裝他是伯利恆（Bethlehem）的旅館老闆。還有一次，他在臉上抹了煤灰（看起來當然很不一樣），然後告訴我們他是約伯，我們當然都知道他的意思，而且他也知道我們知道。不過，我直到他那天的布道，才真正理解《約伯記》。有一次，他穿了件白袍，舉著一個標示，從會堂的後面走進來，跟我們說他是一位大天使，他看起來實在太有說服力了，我們都相信他。無論多麼稀奇古怪的事，他會盡一切所能留住我們的注意力，他也總是成功。後來查塔努加（Chattanooga）的某個大型教會雇用他，把他從我們的身邊帶走了。美好的事物似乎總是會離去。

有一天，警方在格林維爾（Greenville）逮捕了一個人，把他送進監牢。因為他穿著白袍、舉著一個寫上「末日即將來臨」的標誌，在城裡走來走去。我不知道他們為什麼要逮捕他，多數人都相信他是對的。在我看來，他只是用有趣的方式在講述真理。上週我的牧師也跟我們講了完全一樣的事，但是他講的方式可沒那麼有趣。警方大概是關錯人了吧。

對我來說，用有趣的方式講述真理絕對很重要，不過沒幾人做得到。我們這些聽你布道的人，都希望你可以這樣做。你可以試試白袍加上舉標示牌繞場，但是不要走到外面去。

——你的聽眾

不是每個人都能做到這封信裡米勒描述的溝通方式，但這不是重點。重要的是，身為溝通者，我們必須找到某種方法吸引聽眾的視線。有些演講者會使用影片、PowerPoint或圖表，但這些對我來說效果都沒有特別好。我反而習慣在演說時，運用肢體動作和臉部表情，以及運用眼神接觸，這些都能幫助我達到視覺方面的連結。

雖然，良好的眼神交流並不一定總會達成好的連結。坎戴斯・薩金特寫信告訴我一個故事，有位講者發現聽眾席中某位女士在他說話時，從頭到尾都以極為專注的眼神看著他。坎戴斯說：「這令他大為振奮，更加提升了他的自信心！事後，他才知道那位女士聽不見，她只是需要讀他的脣語而已。」

任何能幫助人們有視覺接觸的事情，都有助於他們連結。我鼓勵人們寫筆記，當你把某件事情寫下來，就更有可能記住。有一次在研討會中，我的朋友泰利（Terry）和珍・布朗（Jen Brown）送了我一件T恤，我非常愛穿。上面寫著：「如果我在說話，你就應該做筆記。」這不是很多人在教課或演說時的感覺嗎？

我也會使用字彙試著刺激聽眾的想像力，鼓勵他們在腦海中想像栩栩如生的畫面。當我在我的組織「美國事工裝備」，第一次分享想在全球招募與訓練一百萬名領導者的願景時，我就經常在溝通時使用「想像」這個字。我會請人們想像，如果發展中國家的領導者接受了領導訓練，會發生什麼事。或者我會說：「想像一下，如果你把時間和金錢投資到培養領導人這件事情上，讓他們在各自的世界裡創造改變，那麼你會有什麼感覺？」人們會開始創造自己的願景，他們會融入，然後持續保持興趣。

說故事！人們會連結的是故事，而非數據

在你說話時，激起人們的興趣並使它成為愉悅經驗，最有效的方法應該就是講故事了。無論你是在講述幽默的內容、艱澀的事實，還是悲劇，說故事都能讓這個經驗更美好。作家伊薩克・狄尼森（Isak Dinesen）曾引述朋友的話：「所有悲傷，只要你將它們放進故事裡，或是講一個關於它們的故事，都會變得可以被忍受。」冷冰冰的事實很少能與人連結，但是好故事就有這種不可思議的效果。就算是最弱的溝通者，故事也能改善他的溝通，開始與人們連結。

雖然我在平時對話以及上台演說時，都明白這一點，但是在寫書時，這仍是我難以學會的一部分。我是個實事求是的人，我的態度通常都是：「告訴我原則就好，我會自己應用在我的生活中。」結果，我的前幾本書都缺乏我在公開演講時的溫暖。坦白說，我是為了像我這樣的人而提筆寫書的，這些書就是我想讀的內容，它們很簡單、實用，而且可應用，充滿了我蒐集的名言佳句和列表文字，但是它們缺乏溫暖。

直到一個朋友指出我的盲點，才確實幫助我理解自己做錯了什麼，他說：「你在演說時，會跟聽眾分享有趣的故事，帶領聽眾跟你一起踏上旅程，這正是你書裡所需要的。」他說的沒錯，

人們會連結的是故事，而不是數據。從那個時候起，我開始在書中放進更多故事。

所有傑出的溝通者都會使用故事。林肯，可能是美國最偉大的總統，就曾說：「有人說我講了很多故事，我回想確實如此。但透過長期之來的經驗我發現，對於一般人，在他們繁忙的日程中，比起其他任何方式，透過普遍的實例說明，是最容易讓他們理解訊息的。至於那些少數吹毛求疵的批評者怎麼想，我不在乎。」

神經學家指出，比起抽象的概念或 PowerPoint 投影片，人類的大腦其實更容易接受故事。畢竟故事就跟人類一樣歷史悠久，我們經歷過這些，也熱愛訴說經歷。我們使用故事來理解我們的經驗，而當我們對別人說故事時，是幫助別人了解我們、他們、還有他們的世界。

我非常喜歡尤金．畢德生（Eugene Peterson）在《信息本聖經》（*The Message*）中，描述故事如何具有影響力的方式。當門徒詢問耶穌，他為什麼要說這麼多故事時，耶穌回答：

> 你們已經被賜予能力洞悉天國，你們知道它是怎麼運作的。但不是每個人都有這項天賜之禮與洞見，這並沒有賜予他們。只要一個人的心準備好接受，這種洞見與理解便會自由流動。但如果尚未準備好，任何接受的能力也會很快消失。這就是為什麼我說故事：要為你們準備好，要推動人們走向接受的洞察力。以他們的現狀，他們瞪大眼睛直到世界末日也看不見，豎著耳朵直至臉色發青也聽不懂。（馬太福音十三章，十至十三節）

這些年來，我奠定了自己的名聲，成為可以吸引民眾來聽我演說的溝通者。我的祕訣之一就是蒐集許多好故事，以便在演說時運用。我有一組手卡，裡面包含了我蒐集到最棒的故事。

我在曾聽過我演說的人面前，抽出其中一張卡片，有四件事是他們可以確定的：我會念卡片上的故事、會很幽默、這會教導他們某個重點，而且我讀卡片的方式，會彷彿是我第一次讀這個故事一樣。我相信，坐在椅子上、抽出一張卡片，分享其中的內容，會流露出人性化的一面。如果你把這些內容背下來，講給聽眾們聽，整個過程很靈巧流暢，但其實會在你與他們之間創造出一條鴻溝。然而，為他們讀卡片，如果你做得正確，便可以填補那道鴻溝，幫助你與他們連結。我發現這對我和聽眾來說，都是很有意思的經驗。

讓你想仔細聆聽的溝通者特質是什麼？

想要維持人們的興趣並與之連結，重點在於你應該努力成為自己想要聆聽的那種溝通者。你最樂於聽哪種溝通者說話？誰說話時可以與你連結？你從欣賞的溝通者身上觀察到哪些特質？

桑雅．漢林在《怎麼說，別人才會聽？》中道出了這部分的核心，她在眾多溝通者身上發現了一系列特質，製成兩大清單，然後請她的讀者選出哪一份清單最能代表他們觀賞的演講者。下頁表格就是她的清單。

清單 1	清單 2
溫暖	自負
誠實	含糊
友善	平淡
令人振奮	複雜
趣味性	擺出有恩於你的姿態
博學多聞	緊張
有條理	正式
富創意、自信	文不對題
富啟發性	沉悶
開放性、真誠	語氣單調
非正式	氣氛緊繃
幽默	封閉

漢林接著描述兩份清單中的這些特質，對我們有哪些正面和負面的影響。但我認為要看出為什麼第一份清單特質對我們有效，而第二份沒有效，其實很容易。下次在你聽某個人進行溝通時，可以帶著這份清單，當你注意到某個特質時，就在旁邊打個勾勾，將是個不錯的練習。

若你遇到的溝通者特色都落在清單一裡，就研究一下這個人為了讓演說變有趣而使用的技巧當中，有沒有哪些是你也可以採用的。

無論你多麼努力，沒有一個人可以和每個人都連結上。

雖然，我現在成為一個有效的溝通者，但我也知道自己說話時，還是有一些人不感興趣，那沒關係。你可以確定，我會盡一切所能讓他們不要睡著，他們保持聆聽的時間愈長，我就愈有機會贏得他們的心，也就愈有機會為他們添加價值。

做那個你想要與他連結的溝通者

關於這一章，我最大的擔心就是過於強調公開演講的部分——或許說得太多。有很多公開演講者並沒有與人連結，而有很多連結者不在公開場合演講。為了那些渴望加強說話能力的人，我嘗試提供一些技巧，但是我也想要提醒你，連結最重要的不是學習成為一位好的演講者，而是成為其他人想要與之連結的人。

比莉．霍金斯寫信來告訴我一個故事，以美好的方式說明了：什麼叫做「藉由創造某個人享受的經驗來與之連結」。她這樣寫著：

> 我們的兒童牧區裡有個六歲的男孩奧利，他絕大部分的人生都是在政府的安置機構中度過。他的母親自殺了，而父親不斷進出監獄。於是我決定每個星期的目標就是與奧利連結。每個星期天，我都會去對他說些鼓勵的話，每個星期一則寄一封信給他。
>
> 有一個星期天，我注意到他獨自坐在房間後面的地板上，離其他孩子遠遠的。他的前面攤著一疊紙。
>
> 我看著他一次拿起一張紙，假裝在讀，然後又放回地板上排好。他拒絕參與活動，只想要一個人在後面看他那疊紙。

我有點擔心，過去坐在他身旁，試著評估他是什麼狀況。當我傾身過去說哈囉時，我注意到某些紙張上有我的字跡。

「嗨，奧利。」我說：「你那個是什麼呢？」然後我突然懂了，那些是我這段時間以來，持續寄給他的所有信件。他看向我，舉起一張被雨水淋到字跡模糊的信說：「這些是我最特別的信。」我的眼裡不禁充滿淚水。

比莉接著說，幾年之後，奧利被送進了一間兒童精神科醫院。雖然一般不允許訪客探視，但因為她與他有著特別的連結，她還是得到了特殊許可，能進去看看奧利。比莉為這段經驗下了以下結論：

可以和這樣一個活在混亂世界裡的孩子連結，並提醒他，在神的眼中他有多特別以及多麼地被愛，這是多大的殊榮啊。

絕對不要低估連結的力量，以及用心創造出一個他人享受的經驗，能夠對他人帶來的影響。

連結練習：連結者會製造每個人都享受的經驗。
關鍵概念：努力為你的溝通場合製造出正確的經驗。

∞一對一連結

當人們享受一對一的溝通經驗時，通常是因為建立了一種親密感。這並不一定表示是浪漫愛情關係中的親密感，只是表示連結是建立於對雙方都有益的坦承溝通上。

努力運用本章所提到的溝通建議，去創造出這樣愉悅又親密的經驗，比如問問題、幽默感，或是講故事。

∞在團體中連結

在與團體溝通的形式中，通常人們最享受的經驗就是團體合作。身為溝通者，如果你可以幫他們獲得一種共享的成就感，參與者就會感覺與你、與其他人都有連結。下一次，當你負責帶領團隊時，請他們一起完成某些有意思的目標，確認每個人都有參與；接著觀察這麼做對於整體的活力及和諧度有什麼影響。

∞與聽眾連結

當人們坐在聽眾席聆聽演講時，都會希望聽得興味盎然。下一次當你站在聽眾面前傳遞訊息時，試著使用我在本章中分享過的技巧，尤其是把故事融入溝通當中。就算是無趣的報告或高度講究事實的演說，也可以用一個好故事使其充滿生命力（或許這樣的溝通才是最需要好故事的）。

如果你過去從未使用故事與他人連結，試著從現在開始使用。如果你已經會運用了，想一想有什麼方法可以改善說故事的技巧。

參加過田納西州瓊斯堡（Jonesborough）全國說故事大會的馬丁・蒂倫（Martin Thielen）牧師，提供了以下訣竅。

他觀察到最佳的演說者都有以下特質：

- 熱忱：說故事的人顯然很享受他們在做的事，會興高采烈並充滿活力地表現自己。
- 活潑：這些故事都搭配了生動的臉部表情與肢體動作。
- 聽眾的參與：幾乎每個說故事的人都以某些方式讓聽眾參與，比如請聽眾唱歌、鼓掌、重複詞彙或是比手語等。
- 自然的：雖然故事是背下來的，不過說故事的人能自由地回應聽眾。
- 沒有筆記：這確實是口語表達的活動。講故事的人並不是念故事而已，他們會用說的，這樣才能有眼神接觸。

◆幽默：即使是嚴肅或傷心的故事，還是可以添加一些幽默成分。

你可以運用上述中的哪一項，來讓你的溝通更有生命力呢？

09

「激勵等式」，讓人們不只聽，還能起而行？

在二〇〇八年某個領導力高峰會的閉幕演說中，講述主題是領導者激勵他人的重要性。當時演講者從以下問題開始：

> 一個人若在他的工作和生活中擁有很高的動機，造成的影響到底會有多大呢？
>
> 某些關於動機到底有多重要的研究結果，讓我非常震驚……許多研究都提到，具高度動機的員工工作表現比低動機的員工，高出大約四〇％甚至更高。四〇％的表現差異耶，令人太驚訝了。還有一篇研究指出，比起沒有動機的員工，高動機員工離開組織的機率少了八七％……我讀到的許多研究都顯示，在工作中有明確動機的人，請病假及申請保險的次數非常少，而且較少偷竊行為、較少浪費時間，我可以不斷舉例下去……有動機與沒有動機的人比起來，他們的成果、績效和成就都是天壤之別。但是，你們多少都從個人經驗中得知，如果某個人激勵了你，你的付出會增加多少。

這點是毋庸置疑的：每個人都能從動機中獲益，每個人都想被激勵。

當我回顧人生，可以看出我對工作付出的能量，總是跟那個領導人給我的激勵程度成比例。從我念小學時就是如此，五年級時在霍頓先生（Mr. Horton）班上我比較用功讀書，六年級到了韋伯老師（Mrs. Webb）班上就沒那麼認真。國中跟高中時也是這樣，在奈夫教練的帶領下，我比較認真練習籃球，但在蕭（Shaw）教練帶領時就沒那麼認真。長大後開始工作，還是同樣的狀況。同樣的部門，我對湯姆．菲力浦（Tom Phillippe）的願景付出的時間心力，超過其他領導人。還有，在許多同樣目標的非營利組織中，我捐獻較多款項到湯姆．穆林斯（Tom Mullins）帶領的組織。

在每個例子中，造成差異的原因都是——激勵，有些人比其他人更能激勵我們。

刺激人們行動的「激勵等式」

多年來，我一直在研究能夠激勵人心、與人連結的領導者和演說家。當一個人開始與人溝通時，人們做的第一件事，就是在潛意識裡開始發問，他們想知道這些訊息對他們有什麼用處，想知道這個講者是否可信，但是他們也在乎這個人是「用什麼方式」和他們溝通的。

我看過許多有效的溝通者如何激勵聽眾，因此得出一個結論，這其中存在著某種能發揮作用的公式，我稱之為「激勵等式」。它的作用方式是這樣的：

他們知道的＋他們看到的＋他們感覺到的＝激勵

當這三項因素發揮作用，溝通者就可以將它們串連結合，創造出一種激勵人心的增效作用。只要你能夠激勵他們，通常就可以帶領他們採取行動。讓我們分別檢視激勵等式中的三項要素。

共感力，讓人們「知道」你站在他那邊

當不會連結的講者去思考聽者需要知道什麼時，他們注意的是資訊。但這不是我要說的東西。從連結的角度來說，人們需要知道你站在他們那一邊。希臘哲學家亞里斯多德理解這一點，並在他的《修辭學》（*The Rhetoric*）中對此發表了評論。他認為，說服人最重要的元素就是「共感力」，也就是溝通者與聽者的感受、渴望、願望、恐懼和熱情，連結在一起的能力。這可以讓人們感到安心、知道他們可以信任你，以及告訴他們應該聽你意見的方法。你要怎麼做到這種溝通呢？我相信這可以歸納為以下兩件事。

人們需要知道你了解且專注於他

那些似乎只關心自己的人，對你的激勵程度會有多大呢？大概完全沒有作用吧。我想不出哪個連結者是不關心聽眾的，自我中心的人通常無法與人連結。

如果你準備跟人連結，人們必須知道你理解他們，感覺到你是為了幫助他們而存在。好的溝通者知道人們有所行動都是為了自己，而不是為了講者。因此，他們會專注於聽者的需求，而不是自己的需求。

懂得連結者知曉這個道理，演員麗莎．柯克（Lisa Kirk）就說過：「八卦就是別人告訴你有關他人的事，無聊就是別人告訴你有關他自己的事；而一段美妙的對話，就是別人跟你談論有關於你的事。」這就是連結者做的事。他們告訴你關於你自己的事，他們說的是能鼓舞你的語言。

了解這個道理的領導人與講者，可以對人們造成相當大的影響。舉例來說，二次世界大戰時期的造船業者亨利．約翰．凱薩，他利用自己對人性的理解來鼓舞員工，在美國迫切需要更多船隻的時期，提高了公司的生產量。當時他們的激勵語言是什麼？競爭。凱薩在加州里奇蒙（Richmond）的船廠中告訴員工，他想要看看他們是否能為了支援戰爭，打破造船的歷史紀錄。員工們受到了激勵，不只工作得更賣力，還提出一些改善生產方法的建議。結果，他們在驚人的七十二天內，就打造出「自由輪」（Liberty ship），當時其他造船廠平均需要花兩倍的時間才能完工。

當人們知道你關心他、了解他時，就會對你印象深刻。莉亞嘉利留言分享，她很珍惜前老闆給她的第一張紙條，她形容那是她工作以來遇過最棒的領導者。「過了這麼多年，現在看到他親筆寫的紙條，我的心裡還是會有點澎湃——因為他願意花時間做這件事。」以及亞當・亨利牧師永遠不會忘記，以前一位老師對他的會眾說過的話：「有一天我會很驕傲地說：『以前我在班上教過這個人。』」亞當和他的太太都深受震撼。「當時，我們只是一對年輕的牧師夫妻，而這位聲譽卓著、也是我們非常敬重的人卻說，他會很驕傲地讓人知道他認識我們。現在回想起來還是能激勵我。他的話語在我心理造成的影響，比單純地收到讚美更加深遠。」

當你準備與人溝通時，你必須讓他們知道你了解他們，並且想要幫助他。你必須學習能真正激勵他們的語言，然後對他們說出來。你要怎麼做到這一點呢？藉由問自己以下三個問題：

- **他們在想什麼？**在我與人們溝通前，我會試著找出關於他們的所有事情。我想要知道他們的組織文化與價值，我想要知道他們的責任，也想要理解他們的夢想。為什麼呢？因為我想要知道他們在想什麼。這幫助我說出真正能激勵他們的語言。有太多講者抱持一種態度：我的想法是這樣，你坐下，聽我說。但連結者的態度是：我會先坐下來聆聽，然後再跟你分享我的想法。

- **他們在說什麼？**美國詩人與作家瑪雅．安吉羅（Maya Angelou）曾說：「**朋友最重要的先決條件，就是願意傾聽的耳朵。**」這也是一個領導人或溝通者最重要的條件。好的領導人是好的聆聽者。為了達到最高領導成效，他們會依照這個模式：聆聽、學習，然後領導。好的溝通者行為模式也很類似，他們先聽人們在說什麼以及說話的方式，甚至傾聽沒有說出口的話，這就是他們讀懂人心的方法。這就是為什麼有些人可以在站起來說話之前，就掌握了整場聽眾，而這會影響他們選擇溝通的方法。就算是正確的內容，若是在錯誤的情境中說，也無法達成連結。
- **他們在做什麼？**最後這個問題可以經由觀察他人來回答。每當我走進要進行溝通的地點時，我都會先看看人們在做些什麼，觀察大家的肢體語言，試著辨識出他們的態度和活力程度。這麼做有助我在演說前了解整場聽眾。

當然，除了正式的演說場合，觀察也有助於你在一對一溝通時與對方連結。最近一次飛行旅程中，我觀察到一位空服員雖然流露出急欲協助乘客的模樣，但似乎十分緊張。當他走到我的座位旁時，我問了他的名字，他告訴我他叫提姆（Tim），並說自己是個新人。

當他繼續協助別的乘客時，我決定要寫一張鼓勵的字條給他。

我把紙條交給他之後，看著他回到他的工作檯閱讀那張字條，接著他把紙條遞給另一位空服員，她跟著讀了。幾分鐘之後，她走到我的座位旁說：「麥斯威爾先生，您花了五分鐘給了他一份他會珍惜一輩子的東西。」通常，鼓勵或激勵他人並不需要大張旗鼓，只需要一點小小的東西，讓對方知道你理解也在乎他們。

滿分原理！人們需要知道你對他抱持高度期待

林肯總統是位非常卓越的溝通者。他有一件著名的事蹟，就是在南北戰爭期間，都會在星期三的晚上，到距離白宮不遠的一間教會聽布道。教會的牧師葛利博士（Dr. Gurley）會讓總統坐在牧師閱讀室裡，打開書房門，這樣一來，總統就可以聽見布道又不須與群眾互動。

一個星期三的晚上，林肯和同行者在布道結束後，一起步行回白宮。總統的同行人員問：「您覺得今晚的布道如何？」

林肯回答：「嗯，構思巧妙，合乎聖經，內容切題，表達得很好。」

「所以是一次很棒的講道囉？」

「不。」林肯說：「是失敗的，失敗的原因是葛利博士沒有要求我們去做一些很棒的事。」

能激勵人心的溝通者，對他們的聽眾總是有很高的期待。

每當我站到一群聽眾面前演說時，我都相信那將是一次對他們以及對我都很棒的經驗。為什麼呢？因為我相信人們最好的那一面，我相信他們可以（也想要）改變、成為更好的自己。我相信，所有傑出的領導人和溝通者都有這類正向特質，他們相信自己可以幫助人們做到了不起的事。就像蘋果的共同創辦人賈伯斯（Steve Jobs）所說：「**管理是說服人去做他們不想做的事，而領導是激勵人去做他們從未想過自己能做到的事**。」

我與人們溝通時，會採取我稱之為「十分滿分」的方式。這個意思是，我認為每個人在分數一到十的量表中，都有達到十分的潛力。

這麼做的原因之一是，我天生就積極正向，我相信神創造每個人都有其價值與不可思議的潛能。但還有另一個原因，是因為我相信**大多數時候，人們會回應別人的期待**。如果我覺得這個人只有五分，我就會用五分的態度對待他，用五分的方式跟他說話。很可能一陣子之後，他就會相信自己只能做到五分。這樣還有什麼價值可言呢？然而，如果我把這個人看做十分，這個人會感覺到，而且很可能以積極的方式回應我。如果我們對待他們的態度，是認為他們可以成為更棒的模樣，人們就會受到鼓舞，提升到我們期待的程度。

當然，對他人寄予厚望，有時候也會成為一場喜劇。傑克·佛當留言說他把「十分滿分」的概念跟太太分享，不久之後，某天他從雜貨店回家告訴她：「我剛剛給一個女子打了二十分。」

「她有那麼漂亮嗎？」他太太問。

「不，是因為她懷孕了。」

巴特·路柏寫信來附和這個觀點。他說，我們的期待確實能對他人造成正面的影響，「我有幾位員工，跟我共事三年左右，他們年紀相仿，態度舉止也很類似。我現在才發現，他們其中一位的表現特別突出，是因為我的關係。在過去三年間，我把他們當中的一位看做十分，其他人都是五分。所以，我對待他們的態度就是那樣，最後成長也變那樣。從星期一早上開始，我要確定自己對待他們的態度、訓練，以及分享願景的程度都一樣，因為他們每一位都有同樣的潛能，我只需要傳達給他們知道。」

我在與人談話、寫作，以及演說時，都堅持對人們抱持高度期待。當我一對一鼓勵人們的時候，我相信他們都有最好的一面。坐下來寫書時，我會想像讀者欣然接受內容，因而成為更好的人。在演說時，我相信聽眾會以正面的方式回應我。我的挑戰就是付出最好的自己給他人，好讓他們發揮最好的那一面。人們會積極回應熱情，而不是懷疑，他們想要我們的鼓勵更甚於我們的專業。否則，我們就會像一九八四年總統大選時，華特．孟岱爾（Walter Mondale）在競選活動中的表現一樣，一位記者提出：「他讓全國各地的人都變得冷漠。」

牧師暨教授凱爾文．米勒在《被賦予權力的溝通者》中，表達出大部分聽眾的感覺。當某人起身演說時，多數聽眾想說的話是：

> 請向我保證，像我這樣充滿自卑感的人，最後一定會相信自己。我一直都有懼高症，請用聖母峰挑戰我。答應我，在你的演說後，我將可以攀上那些冰冷的高牆，在神的幫助下，

將祂偉大的旗幟立於我所有的疑慮上。答應我，我最終將會知道自己是誰，以及我生來要成就什麼。承諾我這所有，那麼你就能擁有我的耳朵……接著是我的靈魂。

每個人都想要被激勵，所有人都希望被相信。他們在等待某個人來挑戰、激勵，與鼓勵他們發揮出自己全部的潛能。如果你有機會與他人溝通，何不就當那個激勵他們的人呢？

讓人聽你說，你得讓他「看見」……

大多數人會非常快速地決定要不要繼續聽你說話，還是把你「關掉」不再注意。通常他們是根據看到的東西來做決定，而他們會從表面開始觀察。你看起來愉快嗎？你有沒有微笑嗎？你的姿勢和舉止正向積極嗎？如果對聽眾來說，這些都過關了，他們通常會給你足夠的時間去證明你自己。他們會在你身上尋找以下的特質。

信念——真正具有說服力的

蘇格蘭哲學家及宗教懷疑論者大衛・休謨（David Hume），在某天一大早，被人看到他匆忙地趕去聽傳福音者喬治・懷特腓德（George Whitefield）的布道。有人問他要去哪裡時，他回答：「去聽喬治．懷特腓德。」那個人又問他是否相信傳福音者的布道內容。「當然不信呀！」休謨回應：「但是懷特腓德相信，所以我想要去聽一個相信自己所說的人講話。」

賴瑞．菲利浦斯評論道：「鋼和錫有非常大的差異，尤其是敲打它的時候。真正發自內心的信念，就是所謂的『鋼鐵之聲』，語氣當中會有一種堅定的決心。身為溝通者，我們必須提醒自己，信念是不能假裝的！不管你多麼用力敲打錫，聽眾總是能夠分辨出鋼鐵和錫的聲音！」

能夠激勵他人的連結者，擁有的信念力量遠遠超過他們的言語。他們傳遞的內容是發自心靈深處，來自他們的內在核心價值。他們的使命是說服、是改變他人的觀點。人們通常可以感覺出講者是單純傳遞資訊，還是發自內心熱情地溝通。

林登．詹森（Lyndon B. Johnson）總統曾說：「真正有說服力的是信念。相信你所主張的觀點，如果連你自己都不相信，就完蛋了。其他人會感覺出某種東西不在那裡，無論你多有邏輯、多優雅或多聰明，都沒有任何理由能贏得他們的心。」如果講者對自己要傳遞的訊息主題沒有信念，那聽者又怎麼可能有呢？

信譽，可以讓聽者打開耳朵與心胸

我有許多演說都是一次性的邀約，他們請我擔任專題的講者，而我有約四十五分鐘的時間講述內容。然而，因為我牧師的背景，有很多經驗是好幾年來每週都對幾乎同樣的聽眾演說。在這兩種狀況中，聽眾在我身上尋找的東西是一樣的：信譽。

當人們信任你，他們就會聽你說話，也會願意敞開心胸接受你的激勵。如果你是單次邀請的講者，只要你的資歷不錯，人們通常會姑且相信你一次。但如果你需要一再地對同樣的人說話，你就得努力維持你的信譽。

品格的證據，成為自己的訊息

到最後，人們都希望可以信任這個溝通者的品格。一個值得信賴的人，就算不說話了，他的品格也不會止息，反而會繼續表現在他的日常生活中。也許這就是為什麼有人會說**普通的老師告知，好的老師解釋，偉大的老師示範**。

我們每一個人最終都應該成為自己的訊息。

聖雄甘地在印度領導的獨立運動就是這樣的實例，甘地以他的話語鼓舞人民，但更能激勵他們的是甘地的行動。他對印度獨立運動的決心以及非暴力的抗議行動實例，讓整個國家團結起來跟著他，要求脫離英國統治獲得獨立。這就是品格的力量，如同作家、講者，及教練布萊德．科克（Brad Cork）所說：「連結有非常大的一部分是關於——讓你是誰影響你所做的一切。」

就像我剛才說過的，人們通常會很快地決定自己是否想聽另一個人說話，這個最初的判斷主要來自於表面的印象。而決定要不要繼續聽，則通常是根據比較深的、與那個人的信譽有關的層面。我將在下一章裡更詳細地探討這個部分。

人不會一直記得你說的，但永遠記得他的「感覺」

想要激勵他人，很重要的一點是：確定他們知道需要知道的事，以及確保他們看到需要看到的。但是在激勵等式中，最重要的因素是他們的感覺。如果你遺漏了這個部分，沒有幫助人們感覺到他們需要感覺的，他們永遠不會受到激勵。為什麼呢？因為——**人們不會一直記得你說了什麼或做了什麼，但是他們會永遠記得你讓他們有什麼感受！**

如果你想要激勵人們，你必須具備以下三件事才能讓他們有感受。

人們需要感覺到：你對主題和對他們的熱情

沒有熱情的願景，就是沒有可能性的想像。光是願景本身不可能激起改變，必須透過熱情來加強。

歷史上有許多這類的例子，金恩博士可不單是站在林肯紀念堂的階梯上方，宣告：「我有一個計畫。」一邏輯性的策略計畫沒有辦法激勵人們起身對抗壓迫，或是改變他們對待他人的方式。

而金恩博士是帶著忍受過不公、夢想著平等之人才會擁有的激情，說出：「我有一個夢！」

在《急迫感》一書中，作家、教授，與領導專家約翰・科特這樣描述金恩博士的溝通：

以訴諸理性試圖喚起改變的案例並不難找，那個時代也有很多人做過，像是：黑人遭受的待遇與美國某些最珍視的價值觀不符，而這種差異將導致不良影響；浪費黑人的才能即是損害國家的利益；黑人與白人之間的衝突浪費資源、也傷害人民；對待黑人的行為違反基督教精神，破壞了基督教本身的價值及其為社會服務的基礎。

金恩博士的演說簡短地提到這所有要點，但重要的是他用充滿詩意和熱情的修辭訴諸道德正義，衝擊了人們內心深處的感情。他憾動人心的方式，激起人們將憤怒與焦慮化為行動的決心，而且就在當下採取正確作為。對心靈的衝擊，將安於現狀的心態轉變為真正的急迫感。那天，不在現場的數千萬人，都從電視上看到或從廣播裡聽見了這場演說。急迫感攀升，關鍵行動隨之而起，一年以前可能會失敗的法律提案，當年便順利通過了立法。

熱情力量非常強大，它超越言語。喬伊絲・麥穆倫留言提到：「無論你在做什麼，我深信你的熱情和目標會不斷地展現，並因此造成極大的影響。」她說的很對吧？傳遞訊息可以經由口說或書寫，但是要激勵人，它必須誕生自溝通者的熱情。這就是為什麼麗思卡爾頓酒店集團（Ritz-

Carlton Hotel Company）的創辦董事與前營運長霍斯特舒徹（Horst Schultze）這樣說：「除非它來自於你的內心，否則你什麼都不是。擁有熱情、關懷，以及真心想要創造卓越。如果你只是機械式的執行，工作只是在執行程序而已，那麼你其實就是退休了。讓我非常害怕的是——我看到大部分的人，在二十歲以前就形同退休了。」

幾年前我住在聖地牙哥時，有位朋友叫潔莉．史蒂文斯（Geri Stevens），她是紐約市司法部門陪審團遴選程序的負責人。每個星期一，會有一群新的陪審員候選人抵達法院，而她會向他們解說他們的責任。

如果你曾經待在一間滿是陪審員候選人的房間裡，你就知道那可不是個歡樂的地方。房裡通常都是一群心不甘情不願的人。在潔莉慫恿我接連好幾個月以後，某個星期一早上，終於成功說服了我去參加那樣的集會，而當時發生的事情讓我相當驚訝。

潔莉站在那群滿懷不情願的聽眾面前，情緒高昂地說：「這將會是你們人生中最美好的時光之一。」這話引起了所有人的注意。接下來的四十五分鐘，她充滿熱情地談論美國的偉大，和每位公民都享有公平審判的權利。她對這群候選人解釋，他們的決定能夠造成改變，而美國之所以能成為他人羨慕與欣賞的國家，正是有他們的示範。在她這段激勵人心的演說結束時，這群陪審員候選人全都起身為她喝采！她的熱情感染了他們，他們受到激勵，而且真心希望能被選上到陪審團服務。

你說話的時候有熱情嗎？真正的熱情，不只是你為了讓聽者感到興奮而高昂的情緒，它來自內心深處。如果你不確定，下一次在你與別人說話前，先問自己以下四個問題：

- 我相信自己說的話嗎？
- 我有沒有因此而改變？
- 我相信它能幫助其他人嗎？
- 我看過它改變其他人嗎？

如果這些問題的答案都是肯定的，你所能做的，就不只是埋下火種而已，你可以讓他們的心中燃起烈火！如果你有這樣的火焰，就能激發其他人。

人們需要感覺到：你對自己和他們都有信心

如我剛剛所說，熱情具有無比的價值，因為它能激勵人心。為什麼呢？因為它幫助人們在面對「這樣做值得嗎？」的問題時，能夠說出「是」。但光有熱情是不夠的，人們還必須感覺到你的信心，因為信心可激勵他們對「我做得到嗎？」這個問題，肯定地回答「是」。當他們對上述兩個問題都給出肯定的答案時，激勵就產生效果。這時候，他們才會願意做出對人生帶來正面影響的改變。

你遇過缺乏信心的講者，還跟大家宣告他很緊張嗎？那令你有什麼感覺？有信心嗎？應該不會吧，更可能的狀況是你開始擔心這場演說會變成什麼樣子。讓聽眾心生擔憂的講者，無法激起強大的信心，事實上，他們什麼也激發不了。

身為一個溝通者，你必須對自己感覺良好，才能幫助他人對自己感覺良好。如果我對自己有信心，然後告訴你，我對你和你做某件事情的能力有信心，那麼你就比較有可能認為我的話值得信賴。

有些領導人和演說家天生就散發出自信，也讓其他人對自己充滿信心。據說小羅斯福（Franklin Roosevelt）總統就是這樣的人。桃樂絲・基恩斯・古德溫（Doris Kearns Goodwin）在她撰寫小羅斯福總統夫婦的傳記《非凡時代》（*No Ordinary Time*）中提到，羅斯福並不是美國最聰明的總統，他的身邊環繞著教育程度更高、更有天分，及知識更豐富的人。然而他所具備的，是對自己及對美國人民的高度信心。

羅斯福總統的白宮法律顧問薩姆爾・盧瑟曼（Samuel Rosenman），觀察到總統有讓人更加相信自己的能力。他說，接觸到羅斯福總統的自信的人，都「開始感覺到他的自信並參與其中，因此受到鼓舞——然後以自身十倍的信心加以回報」。勞工部長法蘭西斯・珀金斯（Francis Perkins）說她往往「跟總統談話後感覺會變好，並不是因為他解決了什麼問題……而是因為他讓我感覺更喜悅、更堅強、更有決心。」

如果你不是天生流露自信的那種人，不要灰心，只要你採用正確的溝通方式，你還是可以透過學習，幫助你的聽眾對自己更有信心。在《拿出你的影響力》（*Influencer*）一書中，作者派特森（Kerry Patterson）、葛瑞尼（Joseph Grenny）、麥克斯菲爾德（David Maxfield）、麥米倫（Ron McMillan），和史威勒（Al Switzler）講了一個故事。有關一群美國汽車工人到日本的汽車工廠參訪，回國後，他們想要告訴同事，他們全都得工作的更快更努力。透過這個故事告訴我們，幾乎每個人都可以學習如何連結得更好。以下摘錄一段內文，描述工人們多次嘗試溝通，以及最後怎麼找出與聽眾連結的方法，幫助他們對講者及自己更加有自信。

> 他們將一群同事聚集起來，宣布他們的發現——他們的競爭對手因為工作得更快也更穩定，因此平均每位員工的產量比他們高出四〇％。報告完這個相當簡短且不受歡迎的聲明後，專案小組的成員被他們自己工會的兄弟姊妹噓下台。
>
> 這群到國外出差的員工們沒有因此退縮，他們召集了另一群人，把觀察到的事情以更簡短的版本講述給這群人聽。結果引來更多噓聲。最後，小組領導者選了一位最會說故事的人，讓他參加下一次的員工召集大會。這個人並沒有快速切入重點——「工人們團結起來，否則我們就死定了！」而毀掉這場大會。這位有天分的說故事者，反倒是花了整整十分鐘，

鉅細靡遺地生動描述他們的參訪過程。

專案小組的成員抵達日本後，他們深信日本的工人看見外國人，一定會假裝工作得很認真，果不其然，他們十分認真（台下一陣嘲笑聲）。但是工作小組的人才不會被騙（歡呼聲）。接下來，說故事的人描述幾個小時後，他們怎麼偷偷地潛入工廠，暗中監視這些敵人（更多歡呼聲）。但是等等，那些員工居然工作得更勤快了（沉默）。這太令人沮喪了，如果這些日本工人的表現繼續超越美國工人，那麼日本公司就能夠壓低成本，統治這個市場，而美國公司的規模就得縮減，而工人就會失去工作。

在偷看完日本工人的表現後，專案小組的成員回到飯店，試著想出在這個競賽中擊敗對手的方法。然後他們靈機一動，為何不到日本生產線上工作，看看他們是否可以應付那些工作呢？於是接下來的幾天，他們投入日本生產線中的各種工作事務，並且得到穩定的產出。可見這個工作不是他們無法應付的事情（更多歡呼聲）。而最後帶出高潮的結語是：「如果我們採取正確的步驟，我們可以掌握自己的命運，保住我們的工作。」（狂熱喝采。）

這位講故事的汽車工人充滿自信地進行溝通，而且幫助同事們對自己產生信心。對一個激勵鼓舞人們的溝通者來說，這絕對是必備要素。

人們需要感覺到：你很感激他

激勵人心的最後一個必備要素是「感激」——你要感激你的聽眾。而實際上也應該如此。身為一個溝通者，你應該感激人們願意聽你說話；如果他們願意留下來繼續聽，你也應該心懷感恩；若他們因此大受鼓舞，把你說的話聽進心裡，那你應該更加倍感謝。

我相信**在所有美德中，感激可能是最常被忽略，也最少被表達的**。太多人就像這位移民雜貨店老闆的兒子，他跟父親抱怨：「爸，我真不懂你是怎麼經營這家店的，你把應付帳款放在雪茄盒裡，把應收帳款插在籤子上，而所有現金都在收銀台裡，這樣你永遠不會知道利潤是多少。」

商店老闆回答：「兒子，讓我告訴你一件事。我來到這片土地上時，我擁有的全部，就是身上這條褲子。現在你的姊姊是美術老師，你哥哥是醫生，你是個會計師。你媽和我有一間房子、一輛車，還有這間小店。把這一切加起來，減掉褲子，就是你說的利潤了。」

作家葛萊蒂絲・史德（Gladys Stern）說：「**沉默的感激對任何人都沒什麼好處**。」實在太對了。這就是為什麼我努力培養一顆感恩的心，而且不斷表達出我的感激。我試著對小事情表示感謝，至於大事，有時候我得刻意去做某些事情來表達我的謝意。

二〇〇八年的夏天就發生很重大的事。在心臟病發作的十年之後，我格外感激生命，也感謝那些努力拯救我的醫生們。為了跟他們道謝，瑪格麗特和我決定邀請他們夫妻一起享用感恩晚餐，慶祝我多享受的這十年生命（到目前為止）。我們安排在朋友家裡舉辦這次聚會，請來一位主廚準備五道菜的全餐，而我為這個場合寫了些特別的話。

結果那天晚上成為永遠無法忘懷的經驗，在幾個小時的美食與聊天後，我為大家讀出下面這封信：

約翰．布萊特．凱吉（John Bright Cage）與傑夫．馬歇爾（Jeff Marshall）醫師：

十年前我心臟病發作，上帝請你們兩位來救我一命。這是一封感激的信，字字句句都發自我的內心。我必須寫出來，向你們表達具體的謝意。我相信沉默的感激對任何人都沒什麼好處。

你們的人生奉獻於幫助他人。毫無疑問地，這麼多年來，有許多人得到活下去的第二次機會。這十年來，我都在過著我的「第二次」人生。由於上帝的仁慈與你們的天賦，請允許我簡短地分享這段時間內發生了什麼事：

- 我很享受跟瑪格麗特和家人們多相處的這十年。
- 五個孫子誕生了，深得我心。
- 我寫了三十八本書，銷售超過一千五百萬冊。
- 亞馬遜網站將我選入他們的名人堂。

- 我被封為「全球第一的領導力大師」。
- 我創辦了三種領導力活動：
催化劑（Catalyst）——年輕領導者的研討會，平均每場活動一萬二千人參加；
無限影響線上廣播（Maximum Impact Simulcast）：每年達到十萬人收聽；
交流（Exchange）：高階主管經驗交流活動。
- 我的兩間公司歷經令人喜悅的卓越成長：
音久管理顧問公司（INJOY Stewardship Services）與四千間教會合作，總共募得超過四十億美元；
美國事工裝備已經在一百一十三個國家，訓練超過三百萬名領導者。
- 我很榮幸可以為聯合國、西點軍校、美國國家航空暨太空總署（NASA）、中央情報局，及許多《財星》雜誌（*Fortune*）世界前五百大企業演說。
- 最重要的是，超過七千五百人經由我的布道而接受了基督！

《撒母耳記上》第二章第九節提到：「他必保護聖民的腳步。」凱吉醫師，當你把名片遞給我，對我說：「約翰，上帝已經請我照顧你，只要你需要幫忙，隨時打電話給我。」這並非「偶然」。馬歇爾醫師，當你和你的團隊在醫院裡見到我、對我說：「我們是來這裡照顧你的，一切都會沒事。」這也不是個「偶然」。

過去十年間，我不斷地向上帝表達我對你們兩位的感激之意，今天晚上，我要把這封信獻給你們，以無比的愛和感恩告訴你們：「謝謝！」

——你們的朋友，約翰

接著，瑪格麗特給他們每人一份我剛才念過的信。我淚流滿面，他們也是。接下來的三十分鐘，我們表露情緒，交換愛與擁抱。這個經驗非常不可思議，而且雖然我已經盡最大努力，還是無法完全表達出我的感激之情。

要幫助你的聽者感覺到熱情、自信及受到激勵，你必須表達出感激。這麼做的先決條件是，你得成為一個感恩的人，因為你不能給出你沒有的東西。好消息是，無論你遇到的狀況如何，感恩是一種可以培養的特質。

我們每個人都應該像十八世紀的馬修．亨利（Matthew Henry）那樣，有一次他被搶劫，他就在日記裡寫下：「首先，讓我表達感謝，因為我從來沒有被搶劫過。再來，雖然他們拿走我的錢包，但沒有取我的性命。第三，雖然他們拿走我的所有，但那並不多。還有最後，還好我是被搶的人，而不是去搶劫的人。」

行動——最高層級的激勵

當溝通者把以下三個要素加起來：

他們知道的＋他們看到的＋他們感覺到的

結果就是「激勵」。這就是《簡報聖經》的作者傑瑞·魏斯曼書中所謂的「啊哈時刻」（aha moment，又稱為頓悟時刻）。魏斯曼寫道：

「啊哈！」可以用聽者頭上的燈泡突然亮起來的樣子作代表。那是指一個概念，從某個人的腦中成功傳遞到另一個人腦中，產生了理解與共鳴的滿足時刻。這個過程是個未解之謎，就跟語言一樣古老，跟愛一樣深厚；這是人類的一種能力，使用語言和符號去彼此了解，並且在一個觀點、一個計畫、一個夢想中找到共同點。

或許你從以前身為一個陳述者、演講者、銷售員或溝通者的經驗中，就曾享受這樣的時刻。隨著眼神接觸、微笑傳遞、頻頻點頭，而看見燈泡隨之亮起的時刻。「啊哈！」是你知道聽者已準備好，要跟著你的節奏前進的時刻。

有些溝通者就此打住了，他們鼓勵他人、讓人感覺良好、幫助他們充滿自信，但他們從來沒能讓人採取行動。這是多大的悲劇！光是讓人們感覺愉快還不夠，了解可以改變想法，而**行動改變的是人生**。如果你真的很想幫助別人，就必須把你的溝通帶到下一個層次——喚起人們採取行動。如同瑪利貝斯．希克曼留言所說：「連結，在『該怎麼做』和『現在開始』之間提供了橋梁。」一受到激勵的人何時會採取行動呢？就是在你做了以下兩件事的時候。

在對的時間說對的話

想要讓人從大受激勵到採取行動，你必須把正確的話語結合起來，在正確的時間說。好的領導人知道時機的重要性，在我的著作《領導力21法則》中，我寫過「時機法則」，內容是：「領導的時機，就跟要做什麼及要去哪裡一樣重要。」在各種努力中，**時機往往是導致成功或失敗的關鍵**。

好的溝通者了解正確話語的重要性，小說家約瑟夫．康拉德（Joseph Conrad）曾說：「言語使整個國家行動起來，並使我們社會結構賴以存在的乾燥、堅硬土地發生劇變。給我正確的字眼和語氣，我就能撼動世界。」當你把這兩者組合起來，就會非常強大！

在《我把自己表達清楚了嗎？》一書中，作者特里．費爾伯寫到在珍珠港攻擊事件後，羅斯福總統準備對國會發表演說。他描述羅斯福總統在第一份草稿中，口述道：「昨天，一九四一年十二月七日，一個將永存於世界歷史中的日子，美國遭到蓄意的突襲……」祕書打完這五百字的講稿後，總統看過一遍，然後只做了一個調整。他刪掉「世界歷史」，改用一個審慎選擇的詞彙取而代之——「恥辱」。費爾伯寫道：「我們全都知道，『活在恥辱中的一天』是歷屆美國總統最為著名的話語之一。選擇正確的字彙，就能創造出永存於歷史中的訊息。」

那句話，是在珍珠港偷襲事件的隔天發表的，結果讓整個國家都動了起來。數千名年輕男子聽到這些話後，志願加入軍隊，而美國人民也都做好戰爭的準備。

給人們一個行動計畫

有個老故事，一個農夫問鄰居說：「下個星期你要不要去參加新任縣代表的課程？」他的鄰居回答：「呿！我早就知道一大堆農務知識了，只是沒有做而已。」大部分的人都是這樣的：他們的知識遠超過他們的行動，而好的溝通者能幫助人們克服這個狀況。

我把自己當成是具有激勵性的老師，而非激勵性的演講者。這兩者的差異是什麼呢？一個激勵他人的演講者會讓你感覺愉快，但是到了隔天，你卻不確定為什麼這樣。而一個激勵人心的老師能讓你感覺良好，而且到了隔天，你還是知道原因何在並且採取行動。換句話說，第一種溝通者希望你有「好的感覺」，而第二種溝通者希望你「做好的事情」。

我曾經讀到一個統計數據，九五%的聽眾都理解講者傳遞的內容，也同意他的觀點。然而，他們不知道如何把他說的內容應用到自己的生活中。這不是很驚人嗎？

正因如此我通常會給大家一個行動計畫，這也是我開始寫書和提供有聲課程的其中一個原因。我希望給人們一些可以帶走的東西，幫助他們持續執行下去。我的願望是幫助人們從「知道怎麼做」，進步為「現在就做」。

連結者能激勵人們從「知其然」到「起而行」。

很多時候，我會提供非常詳細的步驟，讓聆聽者可以據此執行。但即使訊息的內容很廣泛，或是本身沒有具體的執行步驟，我還是會以「ACT」這個字為基礎，提出一套行動計畫。我會告訴大家：

- 在你學到而需要應用（Apply）的事情旁，寫個A。
- 在你學到而需要改變（Change）的事情旁，寫個C。
- 在你學到而需要傳授（Teach）的事情旁，寫個T。

接著我會鼓勵他們，從中選出一件事情，在接下來的二十四小時內採取行動，並且把自己學到最重要的事，和其他人分享。這看起來似乎很簡單，但如果實際執行，可以改變你的人生。

衡量偉大的方法是：你影響了多少人？

諾姆．勞森（Norm Lawson）說了一個故事，一個猶太拉比與一個做肥皂的人在路上散步。做肥皂的人說：「宗教有什麼用？看看世界上所有的困難和災禍！即便這麼多年……數千年吧，對善良、真理、和平的教導後，困難災禍還是存在；在所有的祈禱、布道、教誨後，困難災禍還是在。如果宗教是良善與真實的，為什麼會這樣呢？」

拉比沒有說話，他們繼續往前走，直到他們注意到一個小孩在水溝裡玩耍。然後拉比說了：「看看那個小孩，你說肥皂可以讓人變乾淨，但是看看那個孩子身上的泥濘。肥皂有什麼用？這麼多年以來，世界上有這麼多肥皂，那個小孩還是髒兮兮的。我還真想知道肥皂能多有效呢！」

做肥皂的人抗議：「但是，拉比，肥皂得拿來用，才會有效果啊！」

「正是如此呀。」拉比回答。

雷蒙．麥斯特評論道：「我們的社會似乎不停地從一次激勵到下一次激勵，總是尋找著下一件讓他們感覺良好的事，但少有行動。」這多麼令人難過呀。根據一些學者的說法，在理解和行動之間，其實不是一直都有那麼大的差異。一位語言學家說，在高達二十種古語中，「聽」和「做」是同一個字，只有現代語言才將它們區別開來。身為溝通者，我們必須為了聽者，再次把這兩個觀念結合起來。而這需要你承諾會繼續與他人連結、激勵他們，並鼓勵他們採取行動。

知名演員威爾·史密斯（Will Smith）曾說：「**我喜歡用來衡量偉大的方法是：你影響了多少人？**在你的一生當中，你可以影響多少人呢？你可以讓多少人想要變得更好？或是你可以激勵多少人？」畢竟，如果我們傳遞的訊息，在我們停止說話的那一刻就不再發揮影響力，那又有什麼用呢？

激勵人們的真正目的不是要獲得喝采，它的價值不在於引起的讚嘆，或能讓他人產生的積極感覺。激勵的真正考驗在於行動，這才是創造改變的部分。

如果你希望與人連結，就必須致力於激勵他人。但不要為了讓你自己或他人感覺良好而做，而是要讓世界變得更好而做。如果你可以激勵別人，你就能讓世界變得更好。

連結練習：連結者能激勵他人。

關鍵概念：人們最記得的，是你讓他們有什麼感覺。

∞一對一連結

在激勵人們的時候，激勵等式中的三項要素全都會派上用場，但是在不同的溝通情況下，也有不一樣的價值。在一對一時，占最大比例的是人們看見的東西。你實際上是什麼樣的人，將激勵最親近的人（或使他們喪氣）。你無法隱瞞這點，在這個溝通層次中，人格特質的重要性超越其他因素，是最能讓人們留下深刻印象的。

哪些特質能幫助人們與你連結呢？以下是他們想要看到的：

- 服務的心：人們需要知道你想要服務他們。
- 良好的價值觀：透過言語和行動表現你的價值觀。
- 協助之手：為他人添加價值，隨時努力提升他們。
- 關懷的精神：人們不在乎你知識多淵博，除非他們知道你有多在乎他。
- 相信的態度：人們會接近那些相信他們的人。

∞在團體中連結

在激勵團隊時，最重要的是人們對你的了解。他們想要知道你做過什麼，這能為你帶來最可靠的信譽。如果人們知道且尊敬你的成就，你也相信他們，那麼他們就會相信自己，受到激勵而採取行動。

團體中的成員想知道：

- 你會最先行動，以身作則。
- 你只會要他們做你已經完成或願意去做的事。
- 你會教導他們做你已經做到的事。
- 他們的成功比你的成功重要。
- 他們會因為他們的成就得到讚譽；
- 你會頌揚他們的成功。

∞與聽眾連結

在試著與一群聽眾連結時，最重要的部分就是你讓他們有什麼感覺。大多數時候，他們並不是很認識講者，從遠處也難以辨識他的人格特質。或許他們聽說過講者的成就，但是也無法很確定他是怎樣的人。唯一能讓他們判斷的，就是講者在台上說話的幾分鐘所帶來的感受。如果他們感覺很好，就會覺得有連結，如果感覺不好，就無法連結。所以，當你在準備對一群聽眾演說時，要確定你會試著從情感層面與他們連結。以下一些方法可以幫助你做到：

- 讓他們知道，你很享受和他們在一起的時光，而且想要幫助他們。
- 讓他們感覺到你是他們的朋友。
- 讓他們感覺到你很真誠，也很脆弱——你不完美，但在成長。
- 讓他們感覺到你在跟他們對話，而不是對他們說教。
- 讓他們感覺到你相信他們，而他們也可以相信自己。

10

活出信念！長久成功與連結的最終關鍵……

通常，當某位新的領導者上任時，底下的人都會充滿希望。他們希望這個領導人表現優異，而如果領導人有很好的溝通能力，也懂得連結，那麼人們就會傾聽、相信與跟隨。但這段蜜月期不會持續太久。

無論這段關係是私人領域或專業領域、一對一還是領導人對追隨者，在前六個月裡，為了判斷這個人，我們都會專注於他的溝通能力。你有發現這件事嗎？

如果人們溝通得不好，我們會心懷疑慮，但如果他們善於連結，我們就會充滿希望。

例如說，當我們有一位能言善道的老闆，又拋出吸引人的願景，我們就會買單。當我們跟新鄰居或新同事有很好的連結時，我們就會感覺自已有了新朋友。當我們遇見那個願意步入婚姻的人，我們會覺得一切將永遠美好。

而對大部分的人來說，蜜月確實美好。但當蜜月結束，婚姻現實生活會接著而來，有時候，它還是很美好，但有時候就不是了。

是什麼造成差異呢？信譽！以下是在任何關係中的運作方式：

起初六個月：溝通勝過信譽。

六個月之後：信譽勝過溝通。

若一個人有信譽，時間愈久，關係就愈好。而若一個人缺乏信譽，時間愈久，關係愈差。**對領導人和溝通者來說，信譽如同貨幣，有了它，他們就有支付的能力；沒有它，他們就破產了。**有信譽，領導人就能繼續與人連結；沒有信譽，他們就失去連結了。

信任測試——時間是你的朋友嗎？

二〇〇九年一月，巴拉克．歐巴馬接任為第四十四任美國總統。我著手寫這些內容時，他才任職不到六個月，每個人都還懷抱著希望。這位總統是個很好的溝通者，他知道怎麼與人民連結，在競選活動中表現得很出色。〈歐巴馬獲勝的十個理由〉（Ten Reasons Why Obama Won）一文作者卡爾．卡農（Carl M. Cannon）這樣描述歐巴馬：「以一種神奇的煉金之術，他結合了甘迺迪的競選紀律、柯林頓的口才天賦、雷根的樂觀以及不沾鍋的特質。」在總統大選活動中，他的確相當傑出。

等你讀到這本書時，已經過了一段足夠的時間，是陪審團該進場的時候了。你不是發現歐巴馬總統確實很有信譽，證明了自己、領導得很好，要不然就是說的比做的好聽，溝通能力超越他的信譽，他沒有做到自己曾說過會做的事。信譽的作用方式就是如此，不只是他，每一位政治人物、領導者、父母，都是如此。**隨著時間過去，人們生活的方式會超越他們所說的話語，如果他們做得好，時間就是他們的朋友**。

信譽全是關於信任。小史蒂芬·柯維（Stephen M. R. Covey）在他的書《高效信任力》（*The Speed of Trust*）中提到，信譽在企業中的影響。他聲稱：「信任表示自信。」因為信任會抹去憂慮，讓你得以自由地繼續處理其他事情。

他寫道：「低信任度是人生和企業中看不見的成本。因為它會產生隱藏的問題和防衛性的溝通，因此拖延決策速度。缺乏信任會阻礙創新和生產力。從另一個角度來說，信任能加快速度，因為它能強化合作、忠誠，以及最重要的——結果。」

信任在所有關係中都扮演同樣重要的角色，而且它總會影響溝通。

想要長期當一個有效的連結者，你必須言行一致建立起信譽。如果不這樣做，你就會耗損信任，人們將與你失去連結，不再聽你說話。重點就是，**溝通的有效程度，比起訊息的內容，更加仰賴的是傳達者的人格特質**。

活出你的理念！你就是你要傳達的訊息

職棒大聯盟中有許多球員的行為，令我非常失望。我從小就熱愛棒球，也曾是辛辛那提紅人隊的球迷。近年來，雖然球員屢屢打破紀錄，卻是因為使用類固醇才做到的。一個接一個本來看起來很棒的球員，都被指控使用類固醇而改變了。有些人坦承他們一直過著雙重人生，有些人則是矢口否認或閉口不談。棒球是個統計的遊戲，如果因為球員使用提升表現的藥物，使得統計數字失去可信度，這個運動就無可救藥了。

無論你是否有意這麼做，「你」就是自己傳遞給他人的訊息，而這決定了他人想不想與你連結。就算是技能最高超的表演者，也不可能永遠戴著面具。到了最後，你是什麼樣的人必定會展露出來——無論是在舞台上、職場中，或在家裡。所以，如果你想要與他人有好的連結，就必須成為你想要連結的那種人。

你怎麼塑造自己，你傳遞出什麼內容，以及你的生活方式都需要一致。要讓這些實現，以下是我的幾點建議。

與自己連結

我們跟他人的關係，有很大程度是取決於我們跟自己的關係。如果我們不接受自己是誰，跟自己相處不自在，不知道自己的優點與缺點，那麼我們嘗試與人連結時，通常都會失敗。如果你不認識也不喜歡自己的話，要怎麼找出與他人的共同點跟他們連結呢？如果你看不清自己，怎麼能夠看清楚其他人？一旦我們認識自己、喜歡自己，也和自己相處得很自在時，那麼我們等於是敞開心胸要認識他人、喜歡他們，並且和他們舒服自在地相處。我們才有可能與他們連結。

與自己連結的第一個步驟是**認識自己**，而那來自於「自我評估」。我們必須培養自我意識。這可以藉由測試來得知你的優點，騰出時間來反省、寫日記與禱告，跟別人聊聊你的弱點，你必須有意為之。諷刺的地方在於，我們必須先花些時間關注自己，這樣我們才能獲得自由，將注意力從自己身上移開，轉到別人的身上。

第二個步驟是要**喜歡自己**，而這來自於自我對話。美國激勵大師吉格・金克拉說過：「會一整天跟你說話、最有影響力的人，就是你自己。所以，你一定要非常小心對自己說的話。」如果你心裡不斷地批評自己和提出負面評價，那麼你對自己和他人都不會有自信。你必須要積極，但這不表示你得否認錯誤的行為，或是粉飾你的問題或過錯，它的意思是——要維持實際但積極的人生觀。

最近我和一位朋友共進晚餐，他在阿肯色州帶領一個相當成功的機構，當晚他跟我聊天時，說的其中一件事情是：「約翰，在我認識的所有人當中，你是對自己最自在的一個。」我將這番話視為極高的讚美。我對自己很自在，我知道我是誰，我不是一個全方面的通才，我的優點很少

——我覺得只有四個（領導力、溝通、創造、組織合作）。我的缺點很多，我試著坦白自己的缺點，專注發揮我的強項，在生活中每個領域都保持正直，不然我能怎麼辦呢？

如果你從來沒有花時間與自己連結，我希望你今天就開始。這不是自私的舉動，我相信只有你認識自己、與自己連結之後，才能達到發揮潛力的人生目的。而且當你知道自己可以貢獻什麼、無法貢獻什麼時，你才更能夠與他人連結，為他人增添價值。

改正你的錯誤

如同先前所說，要與人連結，你必須有信譽。但是當你犯錯時，你能夠維持多少信譽呢？這就要根據你如何反應：

不願承認錯誤，
導致↓訊息被人質疑，
又會導致↓領導者的誠信遭到質疑！

每個人都會犯錯，我身為領導人、溝通者、丈夫、父親的時候都犯過錯。**生而為人就是會搞砸一些事情，想要連結，你就必須承認**。這就是你維持正直、重新得到信譽的方法。你必須願意做以下這些事。

承認你的錯誤。當決策執行的結果不如預期時，你欠大家一個解釋。在歐巴馬總統任期的前幾月，有一件事我很欣賞，就是他願意承認錯誤。當他提名的內閣人選湯姆．達修爾（Tom Daschle）引發爭議時，歐巴馬總統簡單地說：「我搞砸了。」我很欣賞領導人這個特色。

道歉。當你的行動傷害到其他人時，就必須承認你做錯了並且致歉。在那個當下通常會十分痛苦，但這不僅是你該做的正確事情，而且可以縮短你感覺到痛苦的時間，幫助你跨越錯誤事件。這就是為什麼我們應該聽從傑佛遜總統在這個議題上的建議：「如果你非得吃烏鴉，那就趁牠鮮嫩的時候吃。」

補救。當然，如果在你的能力範圍內，就應該找方法來彌補那些被你辜負的人。不久之前，我才犯下一個糟糕的錯誤，而這麼做了。

一間機構再次邀請我去演說，演說時，我從聽眾的反應中發現好像哪裡不太對勁，但是當時我搞不清楚到底怎麼了。直到我離開講台，才突然想到我好像說了跟上次大致相同的內容。我打電話給我的祕書，她證實了我的猜測。我馬上去找主辦人，跟他道歉，並詢問我能不能隔天去向聽眾道歉。他很能體諒我的狀況，於是我提議隔天再演說一次，而且我會自付所有費用。我認為那是在當時狀況下，應該做的正確事情，我無法讓時間倒轉，但是在能力所及的範圍內，我會盡一切方法彌補。

說到做到，創造可信度

你大概已經發現了，我很喜歡研究領導人的溝通風格，研究美國總統更是我的一大興趣。從這一點來說，我有個問題想問你：老羅斯福（Theodore Roosevelt）、小羅斯福、杜魯門（Harry Truman）和雷根，他們有什麼共同之處？如果你讀過他們的事蹟，就會知道他們十分不同，來自不同的政治黨派，有不一樣的理念和領導風格，但他們有哪一項共同點呢？他們似乎都是信守承諾的人。

在你誇讚他人的話語中，最好的一句讚美是什麼呢？

我相信是這句：「我可以信賴你。」這就是為什麼我會在《領導團隊17法則》（*The 17 Indisputable Laws of Teamwork*）一書中，收錄「信賴法則」。說的正是在重要時刻，團隊成員之間必須能夠互相信賴依靠。但是在任何人際關係中，做一個「可靠的人」和對彼此負責，都是必要的，並非只在團隊中而已。原因是：**當你做出承諾時，你創造了希望；當你守住承諾時，你創造了信任**。

一般來說，通常我們最需要讓人覺得信賴的，都是在我們弱點的領域中。如果是我們的強項，就覺得還好，因此我們喜歡在自己的強項中工作，也最可能走上自己優勢的領域。但是如果是我們的弱點，就得允許他人來問我們問題、來挑戰我們。如果我們不接受，就容易偏離軌道。

活出你想傳達的信念

作家暨演說家吉姆・羅恩（Jim Rohn）說過：「你無法說出你不知道的事，你不能分享你沒有感受到的感覺，你不能說明你沒有的東西，你也不能給出你未擁有的東西。想要給予、分享，並且有成效，首先你必須擁有。」這表示你得先在生活中實踐！

在領導時，以身作則的重要性不言而喻。歷史上充滿了這類例子，領導人藉由身先士卒，高聲「跟我來」的話語會造成影響。

佛列德・曼斯科（Fred A. Manske Jr.）在《有效領導的祕密》（*Secrets of Effective Leadership*）中指出：

- 羅伯特・李（Robert E. Lee）將軍有一個習慣，他在重要戰役的前一晚會探視他的軍隊，這麼做的代價是犧牲自己的睡眠。
- 喬治・巴頓（George S. Patton）將軍，經常被人看見坐在裝甲部隊的前導坦克車上，激勵他的士兵奮戰。
- 在滑鐵盧戰役中打敗拿破崙的威靈頓公爵認為，現身戰場上的拿破崙價值相當於四萬名士兵。

那些活出自己傳遞的訊息、以自身的生活方式進行領導、言行一致的人，和那些沒有這樣做的人有極大的差異。某種程度上，他們的生活方式讓他們成為連結者。有些人把信念當成是「教導別人的內容」；連結者則把信念當作「一生的功課」。有些人傳遞信息，但他們自身的生活卻是例外；而連結者傳遞的信息，就是他們自身生活的延伸。對某些溝通者來說，內容是最重要的事情；對連結者來說，信譽才是最重要的事情。

教師琳賽・佛西特評論道：「我聽說過身為老師的第一份工作，會影響你接下來的職業生涯。有時候會太難以承受，而且沒有人願意幫你站起來（像我的朋友就不再教書了）。也有的時候，管理階層會扶你起來，鼓勵你發揮潛能。我體驗到了後者。」琳賽提到她離開明尼亞波利斯（Minneapolis）的大學後，第一份工作經驗：「我的校長和ESL（English as a Second Language，譯按：針對以英語為第二外語的學生之課程）督導員鼓勵我勇於領導、嘗試一些新事物，而他們相信我的判斷。我感受到很多的愛與珍惜，而我唯一想做的就是證明他們沒有看錯。他們知道如何與員工連結，而且他們讓一起工作的我，感覺像是待在一個大家庭裡。」可靠的領導人會對組織員工造成很大的影響。

如果你不願意試著將信念落實於生活，或許你就不應該把它傳達給其他人。這意思並不是說你必須時時保持完美，因為那是不可能的事。它的意思只是你必須努力成為你呼籲他人成為的那樣。否則，你就**沒有信譽**，**你的領導就有麻煩了**。如同部落客和學生事工亞當・瓊斯所說：「缺乏誠信的領導，等於在你踏出第一步之前，就選擇了失敗。」

說實話，承認不完美

有位女子陪著她重病的丈夫到醫院看診。經過診斷後，醫生請丈夫先到等候室待著，好讓他單獨跟太太說幾句話。

醫生告訴女子：「妳的先生狀況非常危急，如果妳不照著我說的話去做，他一定會死掉。每天早上替他做健康的早餐，讓他在心情愉悅的狀態下出門工作；他回家之後，就讓他翹腳休息，不要拿任何煩惱或家務事增加他的負擔；每天晚上為他準備熱騰騰、營養充足的晚餐；每週和他有數次性生活，滿足他所有需求。」

回家途中，這位太太沉默地開著車，先生終於開口問：「醫生剛才說什麼？」

「是壞消息。」她回答：「他說你快死了。」

我知道，這是個糟糕的笑話，但是我喜歡。為什麼呢？因為它描述了人們典型的互動方式，就是不想誠實以對。然而誠實是信譽的關鍵，記者愛德華．默羅（Edward R. Murrow）觀察到：「想要有說服力，我們必須成為可以相信的人。要讓人相信我們就必須有信譽，而要有信譽我們就必須真實。」

幾年前，我在一群領導階層面前演說，其中有個人問我，我在雇用員工時，採用什麼原則。

「關鍵是什麼呢？」他問。

「我只有一個原則。」我說：「就是我從來不去雇用人。」這句話引起他們的注意力。「原因是這樣的，我做得並不好。」

我繼續解釋我在雇用人事上的慘痛紀錄。因為我實在太樂觀了，對人有高度的信任，所以很不切實際。不管我在面試時注意到什麼樣的警訊，我都會想：「我可以幫助這個人改進與成功。」這可不是面試者應該有的正確態度。在這個領域要做得成功，你需要懂得懷疑——那種連自己的媽媽都不會雇用的人。當我不再參與雇用時，我的機構就出現了全新的氣象。

當我告訴全場的領導階層，我不再自己雇用人的時候，我可以看到他們最初的反應都是負面的。但隨著我解釋清楚，就能感覺到他們很讚賞我知道自己的弱點，而且尊重我的誠實。很少有事情會比這還糟糕的：一個人根本不知道自己在說什麼，隨著時間過去，還隨口杜撰，繼續假裝自己是個專家，但他根本什麼也不懂。如同部落格評論者羅傑所說：「**信譽不是完美，而是願意承認不完美。**」

顯露脆弱，別裝無所不能

鮑伯．賈貝在部落格留言，他在海軍陸戰隊服役時，一名剛從預官學校畢業的少尉被派到他的部隊。鮑伯說，這個年輕人顯然被新單位的事情壓得喘不過氣，但他還是應付得很好。

「他第一天到任時，就召集所有士官並告訴我們，他就仰賴我們教導他了。他說：『我很信任你們，不要傷害我。』我永遠不會忘記他說的話，而且在每個人眼中，他很快就適應了該扮演的角色。」

當你對人誠實，就會顯露出脆弱。許多人覺得這樣會令他們非常不安，有些領導人、老師和講者，都相信傳達理念給他人者應該知道所有事情的答案，否則他們擔心自己看起來很軟弱。但顯然這是個不切實際的標準，表現出真實和脆弱一定比較好，因為人們會認同這一點，進而與你產生連結。《教學的勇氣》（*The Courage to Teach*）作者帕克．巴默爾（Parker Palmer）說：「我們全都知道完美是個面具，所以我們不信任躲在全知全能面具後面的人，他們對人不誠實。最能與我們有深層連結的，是那些承認自己弱點的人。」

最近，我在對一群執行長講述領導力時，我說到顯露脆弱、承認錯誤，和坦白弱點的重要性。在我講完之後，一位執行長等到我獨自一人時，朝我走過來。

「我認為你對底下的人坦承是完全錯誤的事情。」他說：「一個領導人絕對不可以顯露出脆弱的樣子，你絕對不能讓底下的人看到你的弱點。」

「你知道嗎，」我回答：「我認為你在錯誤的想法下把自己累得半死。」

「什麼意思？」他懷疑地問。

我回答：「你以為人們還不知道你的弱點，但他們知道。跟他們坦承，你就是讓他們知道你也懂他們。」

我之所以能夠那麼有自信地告訴他這些話，是因為我以前就是這樣想的。在我職涯的前十年，我一直努力當「無所不能先生」。我想要親自處理每個問題、回答每個疑問，面對每個危機。我想要當那個不可或缺的人，但除了自己以外，我誰也騙不了。

藝術家華特・安德森（Walter Anderson）說過：「**只有在我們願意冒險時，生活才會改善。而我們可以冒的第一個也是最重要的風險，就是對自己誠實。**」當我明白其他人知道我不知道的事，某些事情他們可以做得比我好時，這讓我終於能取下面具、放下防衛，以真正的自己和他們相處。反而讓我成功與人們連結，沒有人喜歡一個騙子或什麼都懂的人。

遵守「黃金定律」——己所欲施於人

有些組織就像爬滿猴子的大樹，如果你是位在樹頂的領導人，當你往下看，唯一看見的就是一大堆微笑的臉朝上看著你。然而，如果你位在組織的最底層，你往上看時，看到的東西就沒那麼漂亮了，而且如果你待在那原地不動，你很清楚在你上面的每個人都會讓不好的東西掉到你身上，沒有人想要被那樣對待。

當人擁有權力時，你可以透過觀察他們如何運用權力，來得知他們是怎麼樣的一個人。當他們和那些沒有權力、地位，或優勢的人互動時，是怎麼對待他們的？他們的行為跟所說的話是一樣的嗎？有符合「黃金定律」嗎？這些問題的答案會讓你更加了解他們的品格。

如果你想要與人連結，你必須根據黃金定律來對待他們——你希望他人怎麼對你，你就要怎麼對待他人。尤其當你是領導人或演講者，或是你有某種權勢時，更應該如此。我認為大多數人會同意這個定律，道理很簡單，但是做起來就難多了。有句話是這樣說的，**知道哪一條路正確是智慧，而確實往那走則是正直**。

我很欣賞的一位領導人，西諾烏斯金融公司的前董事長吉姆．布蘭查，他在二〇〇六年退休了。西諾烏斯金融公司，屢次被《財星》雜誌評選為最令人嚮往的美國頂尖企業之一。有一次，我恭賀吉姆並詢問他，公司能這麼成功的祕訣是什麼，他告訴我：「公司只有一個定律——黃金定律。」他繼續說，在他公布黃金定律就是西諾烏斯內部標準後的兩年內，公司有三分之一的主管階層被解雇，因為他們沒有以正確的方式對待人。吉姆也說，每一年在公司年度大會時，他都會把自己的手機號碼給大家，告訴他們，如果西諾烏斯裡面有人對待他們的方式與黃金定律不符，他們就應該打電話告訴他。所以，這就是我所謂的言行一致！

先交出自己的成果

現代管理學之父彼得．杜拉克說：「溝通……通常都是有所要求。總是要求接收者成為某種人、做某件事、相信某些東西。它總是在誘發動機。」換言之，溝通者敦促人們拿出結果。但是要成為一個有信譽的溝通者，你必須拿出自己的成果！

目前市場上的演講者、顧問和人生導師的數量，多到讓我相當吃驚，當中有些人很棒，有些人的信譽卻不怎麼樣。為什麼呢？因為，他們自己從來沒有真正達成過什麼，他們研讀過關於成功、領導力或溝通方法的內容，但是自己從來沒有站在第一線、建立事業、領導機構，或是發展一項產品或服務。他們販賣承諾，卻沒有任何成功的紀錄，令我匪夷所思。

沒有什麼比結果更有力。如果你想要建立起可以與人連結的信譽，那就在傳達信息之前先拿出成果。腳踏實地去做你建議其他人做的事情，從經驗來交流。

言行一致，帶來長久的成功及保持連結

想要獲得長久的成功，你需要做的不只是連結，還必須保持連結，而只有當你言行一致時，才可能做到。當你做到時，結果可能會非常美妙。如同我在本章一開始說的，時間愈久，關係會變得愈好。

我的朋友科林·西威爾（Collin Sewell）在我的非營利機構「美國事工裝備」董事會中任職，他最近告訴我一個故事，可以說明言行一致的力量。目前美國汽車產業有多麼困難，已經不是祕密。經濟不景氣迫使一些汽車製造商從市場上消失，就算售價下降、促銷加碼，但很多汽車

交易商還是紛紛關門停業。

科林是德州奧德薩（Odessa）的西威爾家族汽車交易公司執行長，因此他非常清楚產業狀況有多困難。他的家族從一九一一年起就在賣車，當他的爺爺卡爾・西威爾（Carl Sewell）開了這個半五金行、半電影院，還兼賣福特汽車的公司時，他們很快就發現買賣福特汽車的潛力有多大。在那之後的將近一百年內，西威爾家族在德州各地開了許多汽車交易廠，販售與服務的內容不只福特企業，還包括凱迪拉克（Cadillac）、悍馬（Hummer）、Infiniti、GMC、凌志（Lexus）、龐帝克（Pontiac）、紳寶（Saab）、別克（Buick）、水星（Mercury）、林肯（Lincoln）和雪佛蘭（Chevrolet）。西威爾家族事業獲得了極大成功。

但是到了二〇〇九年，局勢變得艱困，他們的事業也出現赤字。科林告訴我，有整整九個月時間，他嘗試了所有他能想到的事，企圖扭轉局面、轉虧為盈。當年三月，他甚至砍掉自己的薪水六五%，靠著存款過日子，努力想幫助公司，但這一切似乎不夠。最終，他還是得面對原本希望可以避開的艱難決定：是資遣很多員工，還是要減他們的薪水。

科林的許多顧問都跟他分享那個保守的智慧：不要刪減任何人的薪水，因為那會讓每個人不悅，還會影響士氣。應該採取的方法是：想讓公司重新獲利，需要資遣多少人才能達到就資遣多少人。這樣一來，離開的人不會對公司有負面的影響。但是科林不想這麼做，他想盡可能保住最多人的工作，因此他和管理團隊修改了計畫。

他們知道有二十個工作是非裁不可的，沒有任何轉圜方法，一定要把人力從二百五十人降到二百三十人。但除此之外的其他人，包括經理、技術人員、銷售團隊，和辦公室職員等，都得接受減薪。減薪範圍從每小時少一美元到定期薪資少幾千美元不等。

當科林對全體員工宣布減薪的消息時，他並沒有期待事情會很順利——這是比較婉轉的說法。他把事實告訴所有人，說明目前情況有多艱難，但是他認為大家一定還是會非常氣憤不平。有一名時薪九美元的工人，她收到的通知是一小時刪減一美元。會議結束後，她走向科林，他已經做好最壞的準備，但是她並沒有發怒，而是詢問科林，她可不可以替他禱告。

一位技術人員也走向科林，而他可以看出這位技術人員臉上的憤怒。「你別汙辱我。」這位技術人員說。科林心裡已做好準備，等著被斥責一頓。但是那個人卻說：「你減的還不夠，我這個週末會回家跟我太太談談，我到時會讓你知道我的薪水應該是多少。」

到最後，沒有一個收到減薪單的員工因此離職，士氣依然高昂，而且公司也開始轉虧為盈。這怎麼可能呢？因為，一直以來科林都活出他所傳遞的信念。

科林說：「我花了好多年跟我的團隊建立起信譽，跟他們一起累積『零錢』。」他指的是每次你做出好的決策，以誠信領導大家時，你就為你的領導力創造了「關係貨幣」。「每次我一分錢、五分錢地累積零錢，才得以在需要的那一天使用好幾美元。」

如果我們言行不一致，就不能期待跟別人產生連結。言行不一可能在專業領域中傷害到某人，但是在私人領域中的傷害顯然是更痛苦的。我能夠一直保持誠信可靠、以正確方式生活，其中一個方法就是不時想想：我的行動對家人會有什麼影響。這就是為什麼我一直把這個成功定義謹記在心：「那些最親近我、最認識我的人，也是最愛我、最尊重我的人。」當這些知道你每天是怎麼生活的人，看到你的言行一致時，他們就能夠信任你、對你有信心，而且與你連結。這會讓你的人生每一天都是美好又享受的旅程。

與人連結的真正力量，不是來自於與他人表面的互動——對陌生人微笑、對餐廳服務生很和善，或是讓只見一次的聽眾讚嘆，而是來自於長遠地與人連結。在長遠的關係中，我們能夠產生真正有價值的影響。當我們對伴侶、孩子和孫子都能保持一貫的正直誠信時；當我們以客戶和同事希望的方式對待他們時；當鄰居看到我們的價值觀和行動一致時；當我們以誠實和尊重的態度領導他人時……這些事情才能真正帶給我們信譽、讓我們得以與人連結，並且給我們機會去幫助他人、為他人添加價值。如同訓練顧問葛瑞格．雪佛留言所說：「如果你無法與人連結，更別談什麼影響力了。」

歷史學家亨利．亞當斯（Henry Adams）說：「老師的影響深遠，他無法得知自己的影響力會延伸到哪裡。」我相信這個說法也可以套用在正直誠信的連結者身上。我們可以在自己的世界裡做出改變，但是要怎麼做，我們必須從自己開始——每一天都要確認我們的話語和行動是一致的。我們必須活出自己所傳遞的理念，如果能做到，我們能完成的事情將無可限量。

連結練習：連結者活出他們所傳遞的理念。

關鍵概念：與人保持連結的唯一方法，就是言行一致。

∞一對一連結

超過九〇%的連結是一對一的，你和那些最認識你的人，像是家人、朋友，和工作相關人士，通常就是這種方式。面對這些人的時候，你最不會有防備心，並且最有可能對他們做出承諾。因此，他們自然而然成為最了解你品格的人。

你的品格是加強你說的話語，還是削減了言語效果呢？你的品格幫助你執行與實現你的承諾，還是起了反效果？你還需要改進哪些部分？

∞在團體中連結

當我們在進行群體溝通，或是對一個團隊溝通時，人們會觀察我們的行為、表現，和團隊合作狀況。

你有做到你要求別人做的事嗎？你過去的行為和你說的話一致嗎？人們能不能信賴你的表

現，以及你有把團隊視為優先考量的意願嗎？如果沒有，你必須開始改變，去提升你的信譽。

∞與聽眾連結

面對一群聽眾溝通，是演講者最容易抄品格捷徑的時候，因為聽眾私底下並不認識講者。因此你很容易表現出自己最好的一面，盡量或完全掩蓋你的弱點。這會讓你的溝通沒有真實性，人們不會和一個虛假的溝通者連結。相對地，要讓人們看到你的脆弱，讓他們知道你實際上是什麼樣的人。

現在就發揮你的潛能，與人連結

時常有人問我是如何學習領導力與溝通的？我的榜樣是誰？我從哪裡發現我所說的原則？這些年來我如何讓自己不斷進步？

當然，我從觀察傑出的領導人和溝通者身上學到很多，我也讀了很多很棒的書，我訪問過比我優秀的領導人，而且我透過實做與錯誤中學習到非常多。但是我最早學到也最偉大的知識，是來自於《聖經》，我認為其中一位領導者的故事，可以帶給你鼓勵。

學習，讓摩西成為傑出的連結者

人類歷史上最偉大的領袖之一就是摩西，他領導整個國家的人民、重新安置他們，以及他們從一片土地帶到另一片土地上的所有東西。他將律法呈現在人民面前，還把權杖交給另一位領導者，讓他帶著人民在新住所安居。

但摩西並非一開始就是偉大的領導者，事實上，你可以看出他在生命中的每個領域都有所成長，最終獲得成功。

他和人相處不融洽

我們都認為好的領導人和溝通者天生就能與人相處融洽，但摩西不是這樣的人。其實在最初的紀錄中，就有他和別人處不好的事例。他試著影響另一個埃及人，最後殺掉對方，摩西因此得逃離國度，過著流亡的日子。

他不是個好的溝通者

當摩西在燃燒的荊棘叢中接收到上帝的召喚時，他一點也不想參與，他對自己與他人的溝通能力沒有信心。

摩西回答：「我是什麼人？竟能去見法老，將以色列人從埃及領出來呢？」他還說：「主啊，我素日不是能言的人，就是從你對僕人說話以後，也是這樣。我本是拙口笨舌的……主啊，你願意打發誰，就打發誰去吧！」為了讓摩西接受這個任務，上帝只得同意派摩西的哥哥亞倫和他同行。

他不是個好的領導人

摩西成功帶領以色列的子民離開埃及後，接下來的領導並不順利。人民不斷地走往錯誤的方向，而摩西則試著自己去做所有事情——這是引來領導失敗的舉動。摩西的岳父葉忒羅看出他的錯誤，並教導他指派其他領導者來幫助他帶領人民。

摩西的例子為什麼很重要呢？因為它顯示了與人連結、有效與他人溝通，以及提高影響力，都可以透過學習而得到。洛林．伍爾夫在其著作《領導的聖經》中說道：「關於有效溝通技巧的天賦或『可學習性』，與天生的『個人魅力』之間，存在著廣泛的爭論。」他在書中強調這是可以學習的，他寫道：

> 上帝給摩西的建議，是要他和哥哥亞倫結伴同行，亞倫的口才比較好。但是去跟法老說話、將他的子民帶出埃及的，不是亞倫，而是摩西。摩西雖然缺乏演說的能力，但是他有信念、勇氣，以及對人民的悲憫，讓所有與他接觸過的人，包括追隨者和敵人，都非常清楚他這些特質。

摩西接受自己擁有的能力，並且發揮出最大效能。他做了神召喚他做的事情，提升了自己的影響力，利用影響力去幫助無數的人民。他與他們創造了連結。他過世時，整個國家為之哭泣，人民為他哀悼了三十天。

今天就開始連結！

你可以怎麼使用你所擁有的天賦？如果你學會如何與人連結，無論你有什麼樣的能力，都能發揮得更好。你可以在各種狀況中學習提升你的影響力，因為與其看天分，連結其實更重技巧，而且可以學會怎麼做。所以，現在就開始行動吧，擁抱這些連結原則，開始使用連結練習，不管你在世界上的哪個地方，去採取積極正面的行動吧。

國家圖書館出版品預行編目資料

與人連結〔全球暢銷經典〕：成功不是單人表演！世界頂尖領導大師與人同贏的溝通關鍵／約翰．麥斯威爾（John C. Maxwell）著；吳宜蓁譯.
-- 初版. -- 臺北市：城邦商業周刊，108.03
304面；14.8×21 公分.
譯自：Everyone Communicates, Few Connect: What the Most Effective People Do Differently
ISBN 978-986-7778-55-0（平裝）
1.商務傳播 2.人際關係 3.溝通技巧

494.2　　108002310

與人連結〔全球暢銷經典〕

成功不是單人表演！世界頂尖領導大師與人同贏的溝通關鍵

作者	約翰．麥斯威爾（John C. Maxwell）
譯者	吳宜蓁
商周集團執行長	郭奕伶
視覺顧問	陳栩椿
商業周刊出版部	
總編輯	余幸娟
責任編輯	呂美雲
封面設計	copy
內頁排版	邱介惠
出版發行	城邦文化事業股份有限公司-商業周刊
地址	104台北市中山區民生東路二段141號4樓
	電話：(02)2505-6789　傳真：(02)2503-6399
讀者服務專線	(02)2510-8888
商周集團網站服務信箱	mailbox@bwnet.com.tw
劃撥帳號	50003033
戶名	英屬蓋曼群島商家庭傳媒股份有限公司城邦分公司
網站	www.businessweekly.com.tw
香港發行所	城邦（香港）出版集團有限公司
	香港灣仔駱克道193號東超商業中心1樓
	電話：(852)25086231傳真：(852)25789337
	E-mail：hkcite@biznetvigator.com
製版印刷	中原造像股份有限公司
總經銷	聯合發行股份有限公司　電話：(02) 2917-8022
初版 1 刷	2019年　3　月
初版 9 刷	2023年　12　月
定價	330元
ISBN	978-986-7778-55-0（平裝）

藍學堂

學習・奇趣・輕鬆讀